신제품 아이디어를 담은

EVERYDAY BREAD
에브리데이 브레드

신제품 아이디어를 담은

EVERYDAY BREAD

에브리데이 브레드

박영경 지음

BnCworld

4

깜깜한 새벽, 서둘러 준비를 마치고 '오후의빵집'에 출근해 팀원들과 함께 빵을 만든 지 햇수로 5년째입니다. 저온 숙성한 차가운 반죽을 손으로 토닥여 온기를 끌어올리는 작업을 매일 반복하고 있지요. 그러나 이 익숙한 작업을 하면서도 매번 치열한 고민에 휩싸입니다.

"우리 빵집을 찾는 손님들이 좋아할 만한 새로운 빵이 없을까"

하지만 매일매일 빵집을 운영하며 늘 새로운 제품을 만들고 개발한다는 것은 생각처럼 쉬운 일이 아닙니다. 새 제품을 만들려면 새로운 반죽을 추가해야 하고, 애써 빠듯하게 짜 둔 작업 스케줄 또한 다시 뜯어 고쳐야 하기 때문이지요. 게다가 지금까지의 작업에 익숙한 직원들을 새로 교육해야 합니다. 당연히 새로운 작업에 다시 능숙해지기까지는 많은 시간이 필요하겠지요.

그러나 이건 어디까지나 저의 입장이고 손님들의 생각은 다릅니다. 매장을 자주 찾는 고객들은 항상 매력적인 새 제품을 기다립니다. 멈춰 있는 것이 아니라 늘 살아 있는 것처럼 생동감 넘치는 빵집을 원하지요. 그렇기 때문에 빵집의 변화는 피할 수 없는 일입니다. 특히 주기적인 신제품 출시는 매장 운영에 필수불가결한 요소입니다.

이 책 『에브리데이 브레드』는 저와 같은 길을 걷는 분들과 신제품 개발에 대한 부담을 나누고 아이디어를 공유하고자 하는 목적으로 기획되었습니다. 그리고 이를 위해 계절마다 수급이 가능한 재료와 손님 취향을 반영한 맛과 식감의 조화, 제법, 성형, 작업 시간 등을 고려한 최적의 레시피를 찾고자 테스트를 거듭했습니다. 매장에서 활용하는 데 문제가 없을 만큼 실용적이면서도 트렌드를 놓치지 않으려는 노력도 잊지 않았습니다.

여기 담긴 빵들은 완결된 답이 아니라 각자의 오븐 속에서 다시 태어나야 비로소 완성될 수 있는 씨앗 같은 제안들입니다. 이 책의 빵 하나하나가 여러분에게 새로운 영감의 불씨가 되기를 바랍니다. 이 책을 통해 여러분들의 손끝에서 다시 태어난 빵이 또 다른 손님들의 하루를 밝히고, 누군가에게는 기쁨과 위로가 되기를 소망합니다.

마지막으로 이 책이 나오기까지 나의 옆에서 부족한 두 손이 되어준 지연, '오후의빵집 베이커리'를 도맡아 언제나 좋은 퀄리티의 제품을 만들어 내는 데 정성을 아끼지 않는 은지, 그리고 내 손이 닿지 않는 모든 곳을 하나하나 조용히 책임지는 윤세영 실장님, 그리고 비앤씨월드 모든 분들께 감사의 인사를 드립니다.

감사합니다.

2025년 10월 '오후의빵집' **박영경**

CONTENTS

PAN LOAF& BAGEL

식빵 & 베이글

SALT BREAD

소금빵

CIABATTA

치아바타

스파이스 치즈 허브 치아바타 · **138**

감자 소시지 푸가스 · **144**

바질 토마토 치즈 치아바타 · **150**

양파 옥수수 치아바타 트위스트 · **156**

시금치 토마토 치아바타 트위스트 · **162**

단호박 밤 팥 치아바타 · **168**

콘 마요 크림치즈 치아바타 · **174**

BAGUETTE

바게트

올리브 바게트 · **182**

초코 헤이즐넛 오렌지 바게트 · **188**

와인 무화과 크림 바게트 · **194**

베이컨 양파 에멘탈 에피 · **200**

카프레제 바게트 볼 · **206**

잠봉 뵈르 바게트 샌드위치 · **212**

애플 브리 루콜라 바게트 샌드위치 · **218**

CAMPAGNE

캉파뉴

호두 크림치즈 캉파뉴 · **226**

흑맥주 오트밀 캉파뉴 · **232**

건자두 무화과 호밀 캉파뉴 · **238**

콩 팥 밤 고구마 캉파뉴 · **244**

앙버터 씨앗 캉파뉴 · **250**

크랜베리 캉파뉴 바통 · **256**

고구마 크림치즈 캉파뉴 · **262**

Olive
Choco
Hazelnut
Walnut
Cranberry
Bagel
Squid
Ink
Bagel
Blueberry
Bagel
Onion
Bagel

THE ROADMAP OF NEW RECIPES

신제품 개발을 위한 로드맵

NEW PRODUCT 1

신제품 개발 주기와 운영 전략

베이커리를 운영하다 보면 신제품을 꾸준히 선보이는 일이 얼마나 중요한지 절실히 느끼게 됩니다. 하지만 신제품은 단순히 새로운 빵 하나를 만드는 것이 아니라 아이디어를 떠올리고, 테스트하고, 생산성과 원가를 검토하며, 고객 반응까지 지켜보아야 하는 긴 여정입니다. 그래서 신제품 출시는 너무 잦아도, 또 너무 드물어도 매장에 부담이 될 수 있습니다.

제가 매장을 운영하며 터득한 가장 적절한 신제품 출시 리듬은 '3주에 1제품'입니다. 한 달에 하나는 다소 부족하고, 2주에 하나는 지나치게 에너지가 소모되더군요. 3주 정도 기간을 두면, 손님에게 새로운 제품을 인지시키고 경험할 충분한 시간과 함께 매장에 '늘 새로운 즐거움이 있다'는 인상을 줄 수 있습니다.

또한 신제품은 그때그때 즉흥적으로 만들기보다 1년에 두 차례 정도 시간을 내어 6개월치 메뉴를 미리 기획하는 편이 훨씬 효율적입니다. 계절과 트렌드를 반영해 큰 그림을 세워 두면 원재료 준비와 매장 운영에도 여유가 생기고, 사장님 스스로도 훨씬 안정적으로 신제품 개발을 이어갈 수 있습니다.

체계적인 신제품 운영은 결국 매장의 신뢰와 브랜드 가치로 이어집니다. 손님은 언제 방문해도 새로운 경험을 할 수 있다는 기대를 갖게 되고, 사업자는 무리하지 않으면서도 매장을 꾸준히 성장시킬 수 있습니다.

NEW PRODUCT 2

베이커리 메뉴의 구성

베이커리의 메뉴를 구성할 때는 무엇보다 균형이 가장 중요합니다. 예를 들어, 내 베이커리에서 총 10가지 제품을 판매한다고 가정해 보겠습니다. 이 중 절반인 5개는 내가 꼭 하고 싶은 메뉴, 즉 우리 가게의 콘셉트를 보여 주는 메뉴로 구성하는 것이 좋습니다. 꼭 인기 순위에 들지 않더라도 매장의 색깔을 드러내는 빵은 반드시 필요합니다.

그리고 나머지 5개는 고객들이 좋아하는, 매출을 안정적으로 끌어올려 줄 인기 제품을 권합니다. 아무리 내가 좋아하는 빵이라도 손님이 찾지 않으면 매장 운영은 어려워지고, 반대로 손님들이 원하는 제품만 만들다 보면 매장의 개성이 희미해질 수 있습니다.

결국 중요한 것은 내가 만들고 싶은 빵과 손님들이 원하는 빵 사이의 균형입니다. 내가 원 없이 만들고 싶은 메뉴를 통해 매장의 정체성을 지켜 내고, 동시에 고객의 사랑을 받는 제품으로 매장의 운영을 안정적으로 이어 나가는 것. 이 두 가지가 조화를 이루어야 비로소 내가 원하고 손님도 원하는 나만의 베이커리가 완성됩니다.

월별, 계절별 시장 트렌드 조사 및 아이디어 도출

신제품 개발을 준비할 때는 당장 다음 달 제품만을 생각하기보다는, 앞으로 최소 6개월을 내다보며 기획하는 것이 좋습니다. 예를 들어 1월~6월, 7월~12월처럼 반년 단위로 나누어 미리 계획을 세우면 훨씬 체계적으로 접근할 수 있습니다.

이 과정에서 먼저 체크해야 할 것은 계절적 이슈와 특별한 기념일입니다. 설날, 밸런타인데이, 크리스마스 같은 큰 이벤트뿐 아니라 봄 꽃이 피는 시기, 여름 휴가철, 가을 수확철 등 작은 계절 신호들도 훌륭한 아이디어가 됩니다. 이어서 그 달의 제철 식재료를 살펴보고, 이를 활용해 만든다면 신선하면서도 고객의 공감을 얻을 수 있는 제품을 만들 수 있습니다.

또한 현재 시장에서 뜨고 있는 유행 제품이나 핫한 트렌드 재료를 조사하는 것도 중요합니다. 내 매장과 비슷한 콘셉트의 경쟁 가게에서 어떤 제품을 내고 있는지 참고하고, 내가 꼭 써 보고 싶은 재료가 있다면 다른 매장에서는 어떻게 활용하고 있는지도 살펴보는 것이 좋습니다.

마지막으로는 트렌드의 지속성을 판단해야 합니다. 지금 당장은 사람들이 열광하는 제품이라도 그 인기가 얼마나 이어질지는 아무도 모릅니다. 단발성으로 끝날 유행인지, 장기적으로 매장에 자리 잡을 수 있는 아이템인지를 냉정하게 예측하는 과정이 필요합니다.

TIP> 신제품 아이디어 도출 체크리스트

계절감	☐ 이번 달 혹은 다가올 계절에 맞는 분위기나 이미지를 담고 있는가? ☐ 날씨, 분위기, 계절 행사와 어울리는 제품인가?
제철 식재료	☐ 그 달에 가장 신선하고 구하기 쉬운 제철 재료는 무엇인가? ☐ 그 재료를 사용한 메뉴가 고객에게 '지금 꼭 먹어야 할 만큼의 매력'을 줄 수 있는가?
시장 트렌드	☐ 현재 SNS나 언론, 업계에서 주목 받는 제품이나 재료는 무엇인가? ☐ 이 트렌드를 내 매장의 콘셉트와 연결할 수 있는가?
경쟁사 분석	☐ 내 주변 경쟁 매장에서는 어떤 신제품을 내고 있는가? ☐ 그 제품과 차별화할 수 있는 나만의 포인트는 무엇인가?
트렌드 지속성	☐ 단순히 '유행'에 그치지 않고 장기적으로 매장에 남을 수 있는 메뉴인가? ☐ 단발성 상품이라면 언제까지 매력적인가? 시즌 종료 시점을 예상했는가?

본격적으로 메뉴를 구성하고 테스트하기

지금 빵집에서 사용하고 있는 반죽이 여러 가지라면, 기존 반죽을 가지고 신제품을 만들고 싶은지 혹은 전혀 다른 새로운 메뉴를 만들고 싶은지를 먼저 생각해야 합니다. 물론 기존 반죽을 변형해 새로운 제품을 만드는 것이 가장 쉽고 빠르게 신제품을 선보일 수 있는 방법입니다. 예를 들어 원래 사용하던 캉파뉴 반죽을 그대로 사용해 토핑 재료만 계절에 어울리는 재료로 변형하여 새로운 모양의 빵으로 만드는 것이지요. 지금 이 책에 있는 레시피들 역시 모양이나 재료에 관한 아이디어를 얻은 다음, 매장에 있는 반죽을 그대로 활용한 것이 많습니다.

메뉴를 정했다면 먼저 실험 삼아 시제품을 만들어 봅니다. 이 과정에서 다양한 문제가 생깁니다. 여러 재료들이 조합되었을 때 의외로 맛의 밸런스가 좋지 않을 수 있고, 반죽이 너무 질어져 성형이 어려울 수 있으며, 필링이나 토핑 때문에 빵 모양을 잡는 것이 생각보다 어려울 수도 있습니다. 식감이나 비주얼 그리고 작업 공정이 너무 까다로워 실질적으로 이 메뉴를 지속적으로 만들기 어렵다고 판단할 수도 있죠.

이렇게 문제점을 확인했다면 여러 가지 방식으로 수정·보완을 합니다. 테스트를 충분히 거쳐야만 매장에 안정적으로 내놓을 수 있는 신제품이 완성되기 때문에, 만족스러운 결과가 나올 때까지 수정과 보완을 반복하는 것이 중요합니다.

시식 및 피드백

여러 차례 테스트를 거쳐 제품이 어느 정도 완성되었다고 판단되면, 고객이나 내부 직원에게 선보여 피드백을 받는 과정이 필요합니다. 이 과정에서 예상치 못한 아이디어가 나오기도 하고, 솔직한 의견을 통해 제품을 개선할 수 있는 중요한 정보를 얻기도 합니다.

저는 개인적으로 신제품을 만들면 빠르게 선보여 반응을 보는 편입니다. 출시 직후 큰 인기를 얻는 제품도 있지만, 이런 제품 중에는 반응이 금세 사그라드는 경우도 있습니다. 반대로 처음에는 반응이 미지근했지만 시간이 지나면서 천천히 인기를 얻고 장기간 사랑받는 제품도 있습니다.

중요한 것은 피드백을 받되, 자신의 중심을 잃지 않는 것입니다. 모든 의견을 무조건 반영하면 제품의 개성이 사라지고, 반대로 중요한 부분을 받아들이지 않으면 개선의 기회를 놓치게 됩니다. 자신이 만든 맛에 확신이 있다면 그 맛을 알아 주고 좋아해 주는 손님이 반드시 나타납니다. 그런 손님들을 기다리는 인내와 장기적인 안목이야말로 신제품 개발에서 가장 필요한 자세라고 생각합니다.

원가 계산과 작업 효율성 검토

개발이 어느 정도 마무리되었다면 이제 본격적으로 신제품을 생산하는 데 필요한 재료의 원가를 계산해 봐야 합니다. 원가란 반죽에 들어가는 기본 재료뿐만 아니라 충전물, 성형 재료, 토핑 등의 부재료 비용까지 모두 합산해 제품 1개당 비용을 계산한 가격입니다. 최근에는 이렇게 계산한 재료비, 즉 원가가 판매가의 25% 정도가 되도록 설정하는 추세입니다. 예를 들어 제품의 개당 재료비가 1,000원이라면 이것의 4배인 4,000원을 판매가로 책정하는 것이지요. 물론 매번 무조건 4를 곱할 수는 없습니다. 매장에 있는 제품은 여러 가지 이유로 2배에서 10배까지 다양하게 판매가를 책정하게 됩니다. 4배는 평균값이니 제품과 매장의 특성에 맞게 설정하면 됩니다.

또한 작업 효율성도 생각해 볼 문제입니다. 내 매장에서 이 제품을 어떤 방법으로 만들 수 있는지, 기존의 스케줄에 신제품 생산 시간을 자연스럽게 추가할 수 있는지 검토해 봅니다. 아무리 좋은 제품을 개발했다고 하더라도 공급량이 충분하지 않아 손님들의 수요를 충족시키지 못한다면 신제품을 개발한 의미가 없겠지요. 신제품을 만드는 것은 제품을 개발해 선보이는 것뿐만 아니라, 손님의 반응에 따라 즉각적으로 대처해 생산량을 늘릴 수 있게끔 준비하는 것까지 포함하는 일입니다. 생산 효율성, 매장 구현 가능성을 꼼꼼히 파악하여 준비를 철저히 한다면 좀 더 유연하게 작업할 수 있습니다.

스토리텔링 및 홍보

신제품을 개발했다면 이제는 제품의 이름과 홍보 전략을 고민할 차례입니다. 포장재는 어떤 것으로 할지, 진열은 어떻게 할지, 매장에서 손님에게 어떻게 설명할지 등을 세심하게 정리하면 손님에게 개발 의도를 자연스럽게 전달할 수 있으며 긍정적인 이미지 역시 만들 수 있습니다.

저는 매장에서 신제품이 나오거나 새로운 소식이 있을 때, 우선 매장 밖에 간단한 안내문을 붙이는 방법을 활용합니다. 예를 들어 '얼그레이 크림 소금빵, 9월부터 다시 나와요.'와 같은 짧은 문구만 적어 놓아도 이를 본 손님들이 매장으로 들어올 확률이 높아집니다. 이렇게 유입된 손님들은 제품을 구매할 가능성 또한 매우 높아지죠.

화려하고 복잡할 필요는 없습니다. 오히려 사장님의 생생한 메시지가 담긴 간결한 안내가 더 효과적입니다. 중요한 내용만을 임팩트 있게 전달하는 것이 핵심입니다.

또한, SNS를 활용하여 신제품과 새로운 소식을 즉시 알리는 것도 필수입니다. 매장을 찾는 손님뿐 아니라 온라인으로 관심을 가진 잠재 고객에게도 빠르게 소식을 전달할 수 있기 때문입니다.

신제품 개발은 한번에 완벽한 빵을 만드는 일이 아닙니다. 고객에게 선보인 뒤에도 끊임없이 테스트하고, 반응을 살피며 조금씩 조정해 나가야 합니다. 신제품은 단순히 '새로운 빵'이 아니라 고객의 일상에 새로운 경험을 더하는 제안이기 때문입니다.

소통하는 가게는 언제나 살아있고, 사랑받습니다.

베이커리 사장님을 위한 신제품 캘린더

JAN~FEB

`한겨울` `따뜻함` `든든함`

- [ ] 폭탄 올리브 치즈 베이글 **P.062**
- [ ] 하드 소금빵 **P.070**
- [ ] 소프트 소금빵 **P.100**
- [ ] 올리브 바게트 **P.182**
- [ ] 호두 크림치즈 캉파뉴 **P.226**
- [ ] 크랜베리 캉파뉴 바통 **P.256**

MAR~APR

`초봄` `산뜻함` `신선함`

- [ ] 검은깨 소프트 베이글 **P.050**
- [ ] 아스파라거스 잠봉 소금빵 **P.076**
- [ ] 연유 크림 호두 소금빵 **P.106**
- [ ] 잠봉 뵈르 바게트 샌드위치 **P.212**
- [ ] 베이컨 양파 에멘탈 에피 **P.200**
- [ ] 카프레제 바게트 볼 **P.206**

MAY~JUN

`늦봄` `초여름` `피크닉` `가벼움`

- [ ] 올리브 페퍼로니 식빵 **P.020**
- [ ] 베이컨 양파 식빵 **P.044**
- [ ] 쌀 크랜베리 베이글 **P.056**
- [ ] 명란 소금빵 **P.082**
- [ ] 시금치 토마토 치아바타 트위스트 **P.162**
- [ ] 애플 브리 루콜라 바게트 샌드위치 **P.218**
- [ ] 흑맥주 오트밀 캉파뉴 **P.232**

JUL~AUG

`여름` `시원함` `과일` `풍성함`

- [ ] 생크림 소금빵 **P.088**
- [ ] 먹물 햄 치즈 소금빵 **P.130**
- [ ] 스파이스 치즈 허브 치아바타 **P.138**
- [ ] 감자 소시지 푸가스 **P.144**
- [ ] 바질 토마토 치즈 치아바타 **P.150**
- [ ] 양파 옥수수 치아바타 트위스트 **P.156**

SEP~OCT

`가을` `풍성함` `깊은 맛`

- [ ] 통밀 밤 크림 식빵 **P.032**
- [ ] 호밀 무화과 식빵 **P.038**
- [ ] 얼그레이 크림 소금빵 **P.094**
- [ ] 갈릭 베이컨 소금빵 **P.112**
- [ ] 단호박 밤 팥 치아바타 **P.168**
- [ ] 와인 무화과 크림 바게트 **P.194**
- [ ] 건자두 무화과 호밀 캉파뉴 **P.238**
- [ ] 콩 팥 밤 고구마 캉파뉴 **P.244**

NOV~DEC

`초겨울` `연말` `진한 맛` `특별함`

- [ ] 고구마 소보로 식빵 **P.026**
- [ ] 모카 크림 소금빵 **P.118**
- [ ] 솔티 초코 소금빵 **P.124**
- [ ] 콘 마요 크림치즈 치아바타 **P.174**
- [ ] 초코 헤이즐넛 오렌지 바게트 **P.188**
- [ ] 앙버터 씨앗 캉파뉴 **P.250**
- [ ] 고구마 크림치즈 캉파뉴 **P.262**

PRE-DOUGH

사전 반죽

사전 반죽이란 '르뱅', '풀리시', '묵은 반죽'처럼 사전에 발효하는 반죽 그리고 '탕종'처럼 반죽을 시작하기 전
미리 준비해 둔 반죽의 일부를 말합니다. 사전 반죽을 미리 만들어 둔 반죽에 첨가하면 제품의 맛이
더 깊어지고 풍미가 풍부해지며 식감이 좋아지는 등 다양한 장점을 갖습니다.

LEVAIN
르뱅

MAKING 01 •

1단계 - 르뱅을 만들기
시작하는 단계

르뱅이란 자연에 존재하는 야생 효모(Wild Yeast)를 직접 모아 만드는 사전 반죽으로, 일반적으로
우리가 '천연발효종'이라 부르는 것입니다. 영어로는 사워도우(Sourdough)라고 합니다. 장시간
발효하기에 사전 발효 반죽이라고도 부릅니다. 본 반죽 전에 '리프레시'라는 과정을 거치며 생긴
부드러운 산미와 깊은 감칠맛을 빵에 불어넣을 수 있다는 것이 가장 큰 장점입니다.

재료	(g)
호밀 가루	50
물	50

DIRECTIONS ▼

1   호밀 가루에 물을 붓고 잘 섞는다.
2   부피가 2배로 부풀어 오를 때까지 실온에서 약 2~3일 동안 보관한다.

2단계 - 약 2주간 르뱅을
성장시키는 단계

재료	(g)
이전 단계 르뱅	30
물	30
중력분	15
호밀 가루	15

DIRECTIONS ▼

1. 이전 단계의 르뱅에 물을 붓고 잘 개어 푼다.
2. 중력분과 호밀 가루를 넣고 잘 섞는다.
3. 부피가 2배로 부풀 때까지 실온에서 약 6~24시간 동안 발효시킨다.
4. 이후 약 2주 정도 매일 하루에 한 번씩 1~3 공정을 반복해 르뱅을 성장시킨다.

MANAGEMENT ·

르뱅 리프레시 - 빵 반죽에 넣기
직전 관리하는 단계

· 2단계를 거친 르뱅은 사용하지 않더라도 지속적으로 리프레시 과정을 거쳐야 빵을 만들 수 있는 건강한 상태로 유지됩니다. 사용하지 않을 때는 냉장고에 보관하고, 2~3일에 한 번은 꺼내어 리프레시하도록 합니다.

재료	(g)
냉장 보관한 르뱅	45
물	90
중력분	90

DIRECTIONS ▼

1. 본 반죽을 만들기 직전 르뱅에 물을 붓고 잘 개어 푼다.
2. 중력분을 넣고 잘 섞는다.
3. 부피가 2배로 부풀 때까지 실온에서 6~12시간 동안 발효시킨다.
4. 빵 반죽에 넣어 사용한다.

POOLISH
풀리시

풀리시 반죽은 같은 양의 물과 밀가루에 소량의 이스트를 넣고 발효시킨 것으로 상당히 진 상태의 사전 발효 반죽입니다. 풀리시를 사용하면 빵의 볼륨이 좋고 속결이 부드러우며 겉껍질은 질기지 않고 바삭해집니다. 맛도 구수하고 깊어져 부재료의 맛보다 빵 고유의 구수한 맛과 향이 살아야 하는 제품을 만들 때 사용합니다.

MAKING ·

재료	(g)
세미 드라이이스트 레드	1
물	100
중력분	100

DIRECTIONS ▼

1　실온의 물에 이스트를 넣고 잘 개어 푼다.
2　볼에 이스트를 푼 물과 밀가루를 넣고 덩어리가 없도록 매끈하게 잘 섞는다.
3　반죽에 랩을 씌운 뒤 실온에서 2~5시간 발효시켜 부피가 2배 정도 부풀면 사용한다.
　　tip 날씨와 온도에 따라 시간은 변동될 수 있습니다.

TANG ZHONG
탕종

밀가루와 물을 섞은 뒤 뜨거운 열로 익힌 사전 반죽입니다. 밀가루를 익히면 전분이 호화되어 찰진 반죽이 되는데, 이를 본반죽과 섞으면 식감이 매우 쫀득하고 말랑말랑해집니다. 장시간 노화가 지연되어 시간이 지나도 딱딱해지지 않기 때문에 오래 두어도 좋은 식감을 가진 빵을 만들 수 있습니다.

MAKING

재료	(g)
강력분	30
소금	1
끓인 물	90

DIRECTIONS ▼

1 냄비에 모든 재료를 넣고 손거품기를 이용해 덩어리가 없도록 잘 섞는다.

2 중불에 올린 뒤 바닥에 눌어붙거나 타지 않도록 주걱으로 잘 저으며 익힌다.

3 반죽이 한 덩어리가 되어 윤기가 흐르며 찰기가 생길 때까지 익힌다.

4 완성된 탕종은 넓은 용기에 옮겨 표면에 랩을 밀착시킨 뒤 실온에서 식힌다.

5 완전히 식힌 탕종은 냉장고에 넣어 하룻밤 정도 숙성시킨다.

   tip 냉장고에 2일 정도 보관 가능합니다.

   tip 반죽에 넣을 때는 반드시 차가운 상태여야 합니다.

PAN LOAF & BAGEL

식빵 & 베이글

올리브 페퍼로니 식빵

피자를 좋아하는 저희 아이가 생각나 개발한 제품입니다.
붉은색 페퍼로니와 검정색 올리브의 조합이 특별해 보이는지
진열하기 무섭게 바로 판매되는 제품이랍니다.

초여름　　짭조름　　한 끼 식사

INGREDIENT STORY

페퍼로니

페퍼로니는 돼지고기나 소고기를 사용해 만든 소시지로, 이탈리아의 살라미를 미국 스타일로 만든 제품입니다. 주로
냉동 상태로 유통되며 짭짤하면서도 감칠맛이 강하고 약간은 매콤한 것이 특징이죠. 미국식 피자처럼 자극적인
맛을 원할 때 주로 쓰입니다. 제빵에서는 바게트나 치아바타 같은 하드 계열 반죽이나 부드러운 식빵 반죽 등 심플한
기본 반죽이라면 어디에나 잘 어울립니다. 짭짤한 재료이니 치즈, 양파, 올리브처럼 달지 않은 재료들과 특히 궁합이
좋습니다. 크기도 큰 편이라 빵에 넣었을 때 존재감이 뚜렷하죠. 이 레시피는 페퍼로니 특유의 빨간 색감을 돋보이게
합니다. 만약 페퍼로니가 없다면 쉽게 구할 수 있는 소시지를 얇게 잘라서 대체해도 좋습니다만, 페퍼로니는 특유의
맛이 있는 재료이니 가능하다면 페퍼로니를 사용해 주세요. 마지막으로 페퍼로니는 한번에 꽤 많은 양을 구매해야
하기 때문에 작은 지퍼백에 사용할 만큼만 소분해 냉동하는 것이 좋습니다. 사용할 때는 실온에 꺼내 두면 10~15분
사이에 금방 해동됩니다.

	재료	10개 분량(g)
본 반죽	강력분	1,000
	분유	25
	소금	18
	설탕	80
	세미 드라이이스트 골드	15
	우유	350
	물	300
	탕종(생략 가능)	200
	버터	80
충전물	블랙 올리브 슬라이스	100
	합계	**2,168**
성형 재료	페퍼로니	560
	롤 치즈	400
토핑	달걀물	적당량
	에멘탈 치즈 슈레드	적당량

준비 탕종 만들기, 충전물 준비

[10분] **반죽** ← 블랙 올리브
28~29℃

[1시간] **1차 발효**
실온(24~25℃)

[10~20분] **분할 및 중간 발효**
210g, 실온(24~25℃)

성형 ← 페퍼로니, 롤 치즈
트위스트

[30~40분] **2차 발효**
온도 30℃, 습도 80%

[20분] **굽기** ← 달걀물, 에멘탈 치즈
[데크 오븐] 200℃/180℃ 20~21분
[컨벡션 오븐] 170~180℃ 18~21분

마무리

미리 준비하기 ①

p.17을 참고해 탕종을 만들어
냉장고에서 최소 1시간에서
최대 2일 동안 숙성해 둔다.

미리 준비하기 ②

블랙 올리브 슬라이스는 체에 밭쳐
물기를 빼 둔다.

DIRECTIONS ▼

STEP 01 •
반죽

1 본 반죽의 모든 재료를 믹서볼에 넣고 저속에서 3분간 반죽한다.

2 중속으로 속도를 올리고 5~7분간 반죽해 매끄럽게 만든다.

3 블랙 올리브 슬라이스를 반죽에 넣고 저속으로 가볍게 섞는다.

4 온도계를 반죽의 중심에 꽂아 온도를 확인한다. ▶ 반죽 온도 28~29℃

STEP 02 •
1차 발효

5 적당한 크기의 통에 담아 24~25℃의 실온에서 1시간 동안 발효시킨다.

6 반죽이 2배 크기로 부풀면 밀가루를 묻힌 손가락을 찔러 넣어 핑거 테스트를 실시한다.

7 찌른 구멍이 수축되지 않고 그대로 유지되면 적당히 발효된 것이니 발효를 마무리한다.

tip 발효 시간과 온도는 반죽의 상태나 주변 환경에 따라 달라질 수 있다.

STEP 03 •
분할 및 중간 발효

8 완성된 반죽을 210g으로 분할한 다음 타원형으로 둥글리기해 발효통에 넣는다.

9 발효통의 뚜껑을 덮고 실온에서 10~20분 동안 휴지시킨다.

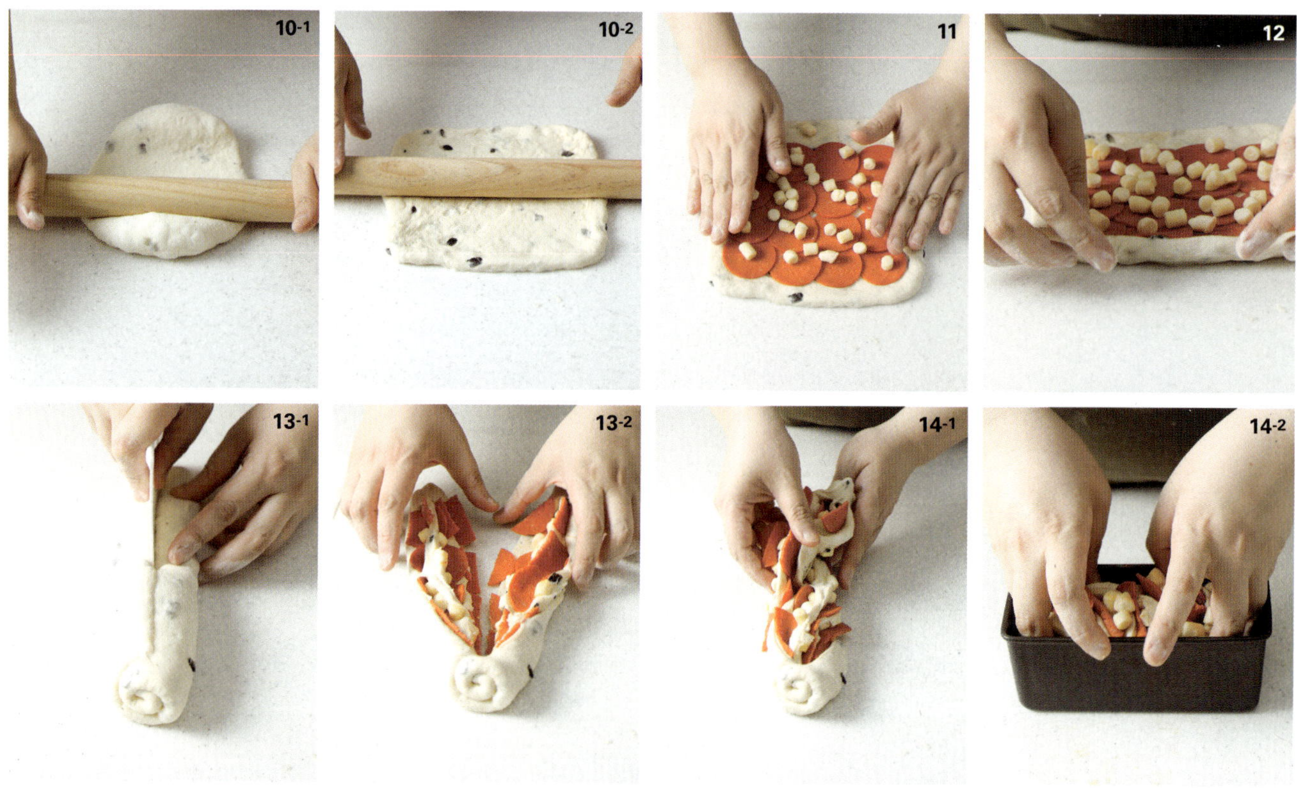

STEP 04 •
성형

10 밀대를 이용해 반죽의 공기를 빼며 20×20㎝ 크기의 정사각형으로 늘인다.

11 페퍼로니를 16장(56g)씩 나란히 깐 다음 롤 치즈를 40g씩 골고루 뿌린다.

12 반죽을 위쪽부터 돌돌 말고 이음매가 위쪽을 바라보게 둔다.

13 반죽의 윗부분 1㎝ 정도를 남기고 이음매 부분을 길게 잘라 이등분한다.

14 반죽을 꽈배기처럼 꼰 다음 가로 155㎜, 세로 75㎜, 높이 65㎜의 오란다(대) 틀에 조심히 넣는다.

COMMENT ▼ 셰프의 코멘트

페퍼로니와 올리브를 섞으면 너무 짜지 않을까 하는 걱정이 있었는데, 약간 달콤한 식빵 반죽과 섞이니 결과적으로 단짠의 조화가 돋보이는 제품이 되었습니다. 부드럽고 촉촉한 반죽과 피자의 토핑이 만나 한 끼 식사로도 충분하죠.

STEP 05

2차 발효

15 온도 30℃, 습도 80%의 발효기에 넣는다.

16 반죽이 틀 높이만큼 올라오도록 발효시킨다.

 tip 발효 시간보다는 반죽의 상태를 보며 진행한다.

STEP 06

굽기

17 반죽의 윗부분에 달걀물을 조심히 바른다.

18 에멘탈 치즈 슈레드를 뿌린다.

19 데크 오븐은 윗불 200℃ 아랫불 180℃에서 20~21분, 컨벡션 오븐은 170~180℃에서 18~21분 동안 굽는다.

 tip 오븐마다 성능이 다르므로 굽는 시간과 온도는 각자의 상황에 맞도록 조절한다.

20 노릇한 색으로 구워지면 오븐에서 꺼내 가볍게 충격을 주고 틀에서 분리해 식힌다.

SWEET POTATO STREUSEL PAN LOAF

고구마 소보로 식빵

고구마는 우리 일상에서 가장 흔하면서도 가장 특별한 재료 중 하나이지요. 물론 빵에도 넣을 수 있습니다. 이 식빵은 따뜻한 군고구마처럼 포근한 빵을 만들고 싶다는 생각으로부터 탄생했습니다.

초겨울 　 겉바속촉 　 포근함

INGREDIENT STORY

고구마

8월에서 10월 사이가 제철인 고구마는 식이섬유가 풍부해 건강에 좋고 호박고구마, 밤고구마, 꿀고구마 등 맛과 향 그리고 식감이 다른 다양한 품종을 쉽게 구할 수 있어 빵 재료로 인기가 좋습니다. 고구마가 맛있으면 빵 맛도 2배는 좋아지지요. 단지 농산품이라는 특성상 구입할 때마다 숙성 상태나 맛이 다를 수 있으니 반드시 후숙을 거치는 것이 좋습니다. 고구마는 자연스러운 단맛을 지녀 달콤한 빵 반죽과 잘 어울리지만, 의외로 짭짤한 치즈와 같은 재료와도 잘 어울려 활용도가 높습니다. 빵 반죽에는 고구마를 깨끗이 세척한 뒤 잘라 데친 뒤 넣습니다. 90% 정도 익히면 되는데, 한 조각 맛 보았을 때 달콤하다면 그대로 사용해도 괜찮습니다. 만일 단맛이 느껴지지 않는다면 설탕과 물을 1:1 배합으로 끓인 뒤, 고구마를 버무리면 훨씬 맛있는 토핑으로 사용할 수 있습니다. 충분히 식힌 뒤 지퍼백에 담아 냉동 보관하면 1~2개월은 충분히 사용할 수 있지요. 이 과정들이 번거롭다면 시중에 이미 당절임 된 달콤한 고구마 큐브가 있으니 '당적 고구마'로 검색해 구입하면 됩니다.

	재료		10개 분량(g)
본 반죽	강력분		1,000
	흑임자		20
	분유		30
	소금		18
	설탕		120
	세미 드라이이스트 골드		15
	우유		300
	달걀		100
	물		250
	탕종(생략 가능)		200
	버터		120
	합계		**2,193**
성형 재료	당적 고구마		800
	롤 치즈		400
토핑	달걀물		적당량
	소보로	버터	90
		땅콩 버터	30
		설탕	100
		달걀	20
		박력분	200
		베이킹파우더	4

준비 탕종 만들기, 소보로 재료 준비

10분 — **반죽**
28~29℃

1시간 — **1차 발효**
실온(24~25℃)

10~20분 — **분할 및 중간 발효**
210g, 실온(24~25℃)

성형 ← 당적 고구마, 롤 치즈
돌돌 말아 자르기

30~40분 — **2차 발효**
온도 30℃, 습도 80%

20분 — **굽기** ← 달걀물, 소보로
[데크 오븐] 200℃/180℃ 20~21분
[컨벡션 오븐] 180℃ 18~20분

마무리

미리 준비하기 ①

p.17을 참고해 탕종을 만들어 냉장고에서 최소 1시간에서 최대 2일 동안 숙성해 둔다.

미리 준비하기 ②

소보로용 재료를 미리 계량해 실온에 두어 찬기를 뺀다.

DIRECTIONS ▼

STEP 01 ·
소보로

1 실온에 둔 부드러운 버터와 땅콩 버터를 함께 푼 다음 설탕을 넣어 섞는다.
2 설탕이 반 정도 녹고 버터의 색이 뽀얗게 바뀌면 실온의 달걀을 조금씩 넣으며 잘 섞는다.
3 체 친 박력분과 베이킹파우더를 넣고 스크레이퍼나 주걱을 이용해 덩어리질 때까지 가볍게 섞는다.
4 반죽을 냉장고에 넣고 30분간 휴지시킨다.
5 스크레이퍼를 이용해 차가워진 반죽을 소보로처럼 보슬보슬하게 다지면 완성.
6 완성된 소보로는 지퍼백에 담아 냉동 보관한다.

COMMENT ▼ 셰프의 코멘트

고구마는 제가 가장 좋아하는 구황작물입니다. 구워 먹어도, 말려 먹어도, 삶아 먹어도 맛있고 활용하기 쉽죠. 고구마 소보로 식빵은 자연스러운 단맛의 고구마와 고소한 땅콩 버터로 만든 소보로를 함께 올려 구웠기 때문에 바삭하면서도 달콤 촉촉한 두 가지 식감의 빵이랍니다.

7 본 반죽의 모든 재료를 믹서볼에 넣고 저속에서 3분간 반죽한다.

8 중속으로 속도를 올리고 5~7분간 반죽해 매끄럽게 만든다.

9 온도계를 반죽의 중심에 꽂아 온도를 확인한다. ▶ 반죽 온도 28~29℃

10 적당한 크기의 통에 담아 24~25℃의 실온에서 1시간 동안 발효시킨다.

11 반죽이 2배 크기로 부풀면 밀가루를 묻힌 손가락을 찔러 넣어 핑거 테스트를 실시한다.

12 찌른 구멍이 수축되지 않고 그대로 유지되면 적당히 발효된 것이니 발효를 마무리한다.

tip 발효 시간과 온도는 반죽의 상태나 주변 환경에 따라 달라질 수 있다.

13 완성된 반죽을 210g으로 분할한다.

14 통통한 타원형으로 둥글리기한 다음 발효통에 넣는다.

15 발효통의 뚜껑을 덮고 실온에서 10~20분 동안 휴지시킨다.

STEP 05 ·
성형

16 밀대를 이용해 반죽의 공기를 빼며 약 40cm 길이의 길쭉한 타원형으로 늘인다.

17 적당한 크기의 큐브 모양으로 자른 당적 고구마(80g)와 롤 치즈(40g)를 올린다.

18 반죽을 위쪽부터 돌돌 말고 이등분한 다음 단면을 정리한다.

19 가로 155mm, 세로 75mm, 높이 65mm의 오란다(대) 틀에 반죽의 자른 단면이 위쪽을 향하도록 넣는다.

STEP 06 ·
2차 발효

20 온도 30℃, 습도 80%의 발효기에 넣는다.

21 반죽이 틀 높이만큼 올라오도록 발효시킨다.
　　tip 발효 시간보다는 반죽의 상태를 보며 진행한다.

STEP 07 ·
굽기

22 반죽의 윗부분에 달걀물을 조심히 바른다.

23 미리 만들어 둔 소보로를 골고루 뿌린다.

24 데크 오븐은 윗불 200℃ 아랫불 180℃에서 20~21분, 컨벡션 오븐은 180℃에서 18~20분 동안 굽는다.
　　tip 오븐마다 성능이 다르므로 굽는 시간과 온도는 각자의 상황에 맞도록 조절한다.

25 노릇한 색으로 구워지면 오븐에서 꺼내 가볍게 충격을 주고 틀에서 분리해 식힌다.

WHOLE-GRAIN CHESTNUT CREAM PAN LOAF

통밀 밤 크림 식빵

건강에 좋지만 거칠고 투박하다는 인상의 통밀빵을 부드러운 식빵 반죽과 달콤한 밤을 사용해 재구성한 메뉴입니다. 통밀의 구수함과 건강함을 지키면서도 대중성을 살렸습니다.

가을 · 구수함 · 달콤함

INGREDIENT STORY

당적 밤

밤은 빵이나 디저트에 잘 활용하면 아주 고급스러운 맛을 내는 재료입니다. 밤 특유의 달콤함은 남녀노소 누구나 좋아할 만큼 매력적이죠. 제빵에서는 주로 손질해 조각낸 밤을 삶은 뒤 당처리한 당적밤, 속껍질을 남긴 채 당처리한 보늬밤, 밤을 손질한 뒤 동그란 형태 그대로 당처리한 맛밤, 당처리한 밤을 곱게 으깬 밤 페이스트 등을 사용합니다. 오후의빵집에서는 주로 충남 부여나 공주에서 나는 밤을 사용합니다. 직접 밤을 손질해 당처리해도 좋지만, '당적 밤'이라고 검색하시면 시중에 판매되는 제빵용 밤을 구매할 수 있습니다. 냉동되어 유통되며 양이 많기 때문에 소분하여 사용하는 것이 좋습니다.

	재료		9개 분량(g)
본 반죽	강력분		700
	통밀 가루		300
	소금		18
	설탕		80
	세미 드라이이스트 골드		15
	우유		300
	물		350
	버터		100
	합계		**1,863**
성형 재료	당적 밤		810
토핑	밤 크림	버터	50
		으깬 밤(밤 페이스트)	50
		설탕	50
		달걀	50
		바닐라 빈 페이스트	3
		박력분	10
		아몬드 분말	50
	보늬밤 조각		적당량

준비　밤 크림 재료 준비

10분　반죽
28~29℃

1시간　1차 발효
실온(24~25℃)℃

10~20분　분할 및 중간 발효
200g, 실온(24~25℃)

성형 ← 당적 밤
원루프

30~40분　2차 발효
온도 30℃, 습도 80%

20분　굽기 ← 밤 크림, 보늬밤
[데크 오븐] 200℃/180℃ 20~21분
[컨벡션 오븐] 180℃ 18~20분

마무리

미리 준비하기

밤 크림용 재료를 미리
계량해 실온에 두어
찬기를 뺀다.

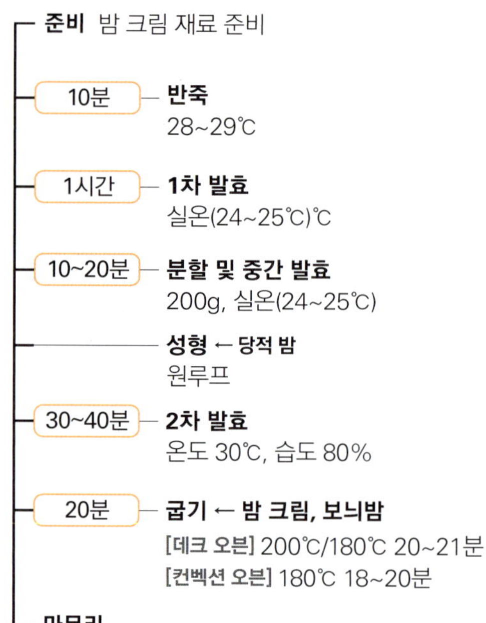

DIRECTIONS ▼

STEP 01 •
밤 크림

1 실온에 둔 부드러운 버터에 으깬 밤을 넣고 섞는다.

2 설탕을 넣고 섞다가 반 정도 녹으면 달걀을 조금씩 넣으며 섞는다.

3 바닐라 빈 페이스트를 넣고 섞는다.

4 체 친 박력분과 아몬드 분말을 넣고 섞어 부드러운 크림을 만든다.

5 완성된 크림은 짤주머니에 담아 사용하기 전까지 냉장고에 넣어 둔다.

STEP 02 •
반죽

6 본 반죽의 모든 재료를 믹서볼에 넣고 저속에서 3분간 반죽한다.

7 중속으로 속도를 올리고 5~7분간 반죽해 매끄럽게 만든다.

8 온도계를 반죽의 중심에 꽂아 온도를 확인한다. ▶ 반죽 온도 28~29℃

STEP 03
1차 발효

9 적당한 크기의 통에 담아 24~25℃의 실온에서 1시간 동안 발효시킨다.

10 반죽이 2배 크기로 부풀면 밀가루를 묻힌 손가락을 찔러 넣어 핑거 테스트를 실시한다.

11 찌른 구멍이 수축되지 않고 그대로 유지되면 적당히 발효된 것이니 발효를 마무리한다.

　tip 발효 시간과 온도는 반죽의 상태나 주변 환경에 따라 달라질 수 있다.

STEP 04
분할 및 중간 발효

12 완성된 반죽을 200g으로 분할한다.

13 통통한 타원형으로 둥글리기한 다음 발효통에 넣는다.

14 발효통의 뚜껑을 덮고 실온에서 10~20분 동안 휴지시킨다.

COMMENT ▼ 셰프의 코멘트

통밀과 잘 어울리는 메뉴가 무엇일까 오랫동안 고민했는데, 달콤하면서도 포근한 식감의 밤이라면 잘 어울리지 않을까 싶었습니다. 이 식빵은 통밀이 들어 있지만 아주 부드럽고, 반죽 사이사이에 밤이 잔뜩 들어있는 데다 윗부분에는 달콤한 밤 크림까지 있어 누구나 맛있게 즐길 수 있답니다.

STEP 05 • 성형	**15** 밀대를 이용해 반죽의 공기를 빼며 약 27㎝ 길이의 납작한 타원형으로 늘인다.
	16 당적 밤을 90g씩 골고루 뿌린다.
	17 반죽을 위쪽부터 돌돌 말고 가로 155㎜, 세로 75㎜, 높이 65㎜의 오란다(대) 틀에 넣는다.

STEP 05 •
성형

15 밀대를 이용해 반죽의 공기를 빼며 약 27㎝ 길이의 납작한 타원형으로 늘인다.

16 당적 밤을 90g씩 골고루 뿌린다.

17 반죽을 위쪽부터 돌돌 말고 가로 155㎜, 세로 75㎜, 높이 65㎜의 오란다(대) 틀에 넣는다.

STEP 06 •
2차 발효

18 온도 30℃, 습도 80%의 발효기에 넣는다.

19 반죽이 틀 높이만큼 올라오도록 발효시킨다.

tip 발효 시간보다는 반죽의 상태를 보며 진행한다.

STEP 07 •
굽기

20 반죽의 윗부분에 미리 만들어 둔 밤 크림을 지그재그로 짠다.

21 장식용 보늬밤 조각을 군데군데 올린다.

22 데크 오븐은 윗불 200℃ 아랫불 180℃에서 20~21분, 컨벡션 오븐은 180℃에서 18~20분 동안 굽는다.

tip 오븐마다 성능이 다르므로 굽는 시간과 온도는 각자의 상황에 맞도록 조절한다.

23 노릇한 색으로 구워지면 오븐에서 꺼내 가볍게 충격을 주고 틀에서 분리해 식힌다.

FIG RYE PAN LOAF

호밀 무화과 식빵

호밀빵은 딱딱하고 무겁다는 인식이 있지요. 그래서
호밀을 사용하되 부드럽고 가볍게 먹을 수 있도록
식빵으로 응용했습니다. 동시에 설탕과 버터를 적게
배합해 담백하면서도 구수한 호밀의 특징을 살렸습니다.

가을　담백함　과일 풍미

INGREDIENT STORY

호밀 가루

호밀 가루는 빵에서는 절대 빠질 수 없는 재료입니다. 호밀은 주로 유럽, 미국, 아르헨티나, 시베리아 등에서 재배되는데 오후의빵집에서는 미국산 유기농 호밀 가루를 주로 사용합니다. 호밀은 흑맥주나 보드카 등을 만드는 원료가 되기도 하고, 열량이 낮고 식이섬유가 매우 풍부해 다이어트 식품으로 이용되기도 합니다. 반면 글루텐 함량이 매우 낮기 때문에 빵을 만들기엔 적합하지 않을 수 있습니다. 하지만 여기에 밀가루를 섞어서 사용하면 원하는 식감과 맛을 낼 수 있습니다. 호밀을 빵에 사용하면 제품의 색이 진하고, 껍질의 풍미가 매우 짙어지며, 속살은 묵직하지만 촉촉한 느낌을 가지게 됩니다. 단, 호밀 함량이 늘수록 반죽의 힘이 없어지고 믹싱을 오래 해도 탄력이 생기지 않으니 주의해야 합니다.

	재료		8개 분량(g)
본 반죽	강력분		850
	호밀 가루		150
	소금		18
	설탕		50
	세미 드라이이스트 골드		15
	물		700
	버터		50
충전물	호두 분태		150
	합계		**1,983**
성형 재료	와인 무화과	반건조 무화과	500
		레드와인	300
		황설탕	30
	크림치즈 큐브		320
마무리	호밀 가루		적당량

준비 호두 전처리, 무화과 다듬기

10분 — **반죽** ← 호두 분태
28~29℃

1시간 — **1차 발효**
실온(24~25℃)

10~20분 — **분할 및 중간 발효**
120g, 실온(24~25℃)

성형 ← 와인 무화과, 크림치즈 큐브
감싸기

30~40분 — **2차 발효**
온도 30℃, 습도 80%

18~21분 — **굽기** ← 호밀 가루
[데크 오븐] 200℃/180℃ 20~21분
[컨벡션 오븐] 180℃ 18~20분

마무리

미리 준비하기 ①

호두는 180℃ 오븐에서
10~15분 정도 가볍게
로스팅해 식힌다.

미리 준비하기 ②

반건조 무화과의 꼭지를
가위로 잘라 둔다.

STEP 01 •
와인 무화과

1 냄비에 꼭지를 제거한 반건조 무화과, 레드와인, 황설탕을 넣고 중불에 조린다.
2 수분이 증발하면 적당한 크기로 잘라 둔다.

STEP 02 •
반죽

3 본 반죽의 모든 재료를 믹서볼에 넣고 저속에서 3분간 반죽한다.
4 중속으로 속도를 올리고 5~7분간 반죽해 매끄럽게 만든다.
5 호두 분태를 반죽에 넣고 저속으로 가볍게 섞는다.
6 온도계를 반죽의 중심에 꽂아 온도를 확인한다. ▶ 반죽 온도 28~29℃

COMMENT ▾ 셰프의 코멘트

한입 베어 물면 호밀의 구수함 속에서 와인의 풍미가 퍼지고, 무화과 씨앗이 톡톡 터져
정말 매력 있는 빵입니다. 여성분들의 열광적인 사랑을 받은 제품이기도 하지요.
꼭 한번 만들어 판매해 보시길 바랍니다.

7 적당한 크기의 통에 담아 24~25℃의 실온에서 1시간 동안 발효시킨다.

8 반죽이 2배 크기로 부풀면 밀가루를 묻힌 손가락을 찔러 넣어 핑거 테스트를 실시한다.

9 찌른 구멍이 수축되지 않고 그대로 유지되면 적당히 발효된 것이니 발효를 마무리한다.

tip 발효 시간과 온도는 반죽의 상태나 주변 환경에 따라 달라질 수 있다.

10 완성된 반죽을 120g씩 분할한다.

11 동그랗게 둥글리기 한다.

12 발효통의 뚜껑을 덮고 실온에서 10~20분 동안 휴지시킨다.

STEP 05 •
성형

13 손바닥으로 반죽을 가볍게 누른 뒤 밀대를 이용해 반죽의 공기를 빼며 원형으로 늘인다.

14 와인 무화과(30g)와 크림치즈 큐브(20g)를 각각 넣고 만두처럼 감싼다.

15 가볍게 둥글려 가로 155㎜, 세로 75㎜, 높이 65㎜의 오란다(대) 틀에 두 개씩 넣는다.

STEP 06 •
2차 발효

16 온도 30℃, 습도 80%의 발효기에 넣는다.

17 반죽이 틀 높이만큼 올라오도록 발효시킨다.

   tip 발효 시간보다는 반죽의 상태를 보며 진행한다.

STEP 07 •
굽기

18 반죽의 윗부분에 호밀 가루를 솔솔 뿌린다.

19 데크 오븐은 윗불 200℃ 아랫불 180℃에서 20~21분, 컨벡션 오븐은 180℃에서
   18~20분 동안 굽는다.

   tip 오븐마다 성능이 다르므로 굽는 시간과 온도는 각자의 상황에 맞도록 조절한다.

20 노릇한 색으로 구워지면 오븐에서 꺼내 가볍게 충격을 주고 틀에서 분리해 식힌다.

BACON ONION PAN LOAF

베이컨 양파 식빵

약 20년 전 블로그와 커뮤니티에 소개해 폭발적인
인기를 얻은 빵입니다. 처음 홈베이킹을 시작했을 무렵이라
그 기억이 강렬히 남아 있지요. 현재도 베스트셀러이자
스테디셀러 자리를 차지하는 제품이랍니다.

INGREDIENT STORY

베이컨

베이컨은 돼지고기를 소금에 절인 뒤 훈제하여 말린 것을 말합니다. 짭짤하며 감칠맛이 강하고 기름기가 많지요. 빵에 사용할 때는 구워서 기름을 빼고 작게 잘라 사용하는 것이 일반적이고, 일부 기름이 적은 베이컨은 그대로 사용하기도 합니다. 베이컨을 치즈나 달걀 프라이에 곁들이는 식사가 어색하지 않듯 똑같이 치즈나 달걀을 이용한 빵 반죽에도 잘 어우러져 궁합이 좋습니다. 주로 냉장 유통되지만 구매한 제품을 소분하여 냉동 보관해도 좋습니다. 단, 이미 해동된 제품을 재냉동 하는 것은 위생상 추천하지 않습니다.

	재료	10개 분량(g)
본 반죽	강력분	1,000
	분유	30
	소금	18
	설탕	100
	세미 드라이이스트 골드	15
	우유	350
	생크림	50
	달걀	50
	물	250
	탕종(생략 가능)	200
	버터	100
	합계	**2,163**
성형 재료	양파①	300
	베이컨	200
	모차렐라 치즈	200
	롤 치즈	200
토핑	달걀물	적당량
	양파②	적당량
	에멘탈 치즈 슈레드	적당량

준비 탕종 만들기, 양파 썰기

10분 — **반죽**
28~29℃

1시간 — **1차 발효**
실온(24~25℃)

10~20분 — **분할 및 중간 발효**
210g, 실온(24~25℃)

성형 ← 양파, 베이컨, 치즈 2종
원루프

30~40분 — **2차 발효**
온도 30℃, 습도 80%

20분 — **굽기** ← 달걀물, 양파, 에멘탈 치즈
[데크 오븐] 200℃/180℃ 20~21분
[컨벡션 오븐] 180℃ 18~20분

마무리

미리 준비하기 ①

p.17을 참고해 탕종을 만들어
냉장고에서 최소 1시간에서
최대 2일 동안 숙성해 둔다.

미리 준비하기 ②

성형 재료의 양파①과
토핑용 양파②는 모두
얇게 슬라이스한다.

DIRECTIONS ▼

1 본 반죽의 모든 재료를 믹서볼에 넣고 저속에서 3분간 반죽한다.

2 중속으로 속도를 올리고 5~7분간 반죽해 매끄럽게 만든다.

3 온도계를 반죽의 중심에 꽂아 온도를 확인한다. ▶ 반죽 온도 28~29℃

STEP 02 •
1차 발효

4 적당한 크기의 통에 담아 24~25℃의 실온에서 1시간 동안 발효시킨다.

5 반죽이 2배 크기로 부풀면 밀가루를 묻힌 손가락을 찔러 넣어 핑거 테스트를 실시한다.

6 찌른 구멍이 수축되지 않고 그대로 유지되면 적당히 발효된 것이니 발효를 마무리한다.

tip 발효 시간과 온도는 반죽의 상태나 주변 환경에 따라 달라질 수 있다.

STEP 03 •
분할 및 중간 발효

7 완성된 반죽을 210g으로 분할한다.

8 통통한 타원형으로 둥글리기한 다음 발효통에 넣는다.

9 발효통의 뚜껑을 덮고 실온에서 10~20분 동안 휴지시킨다.

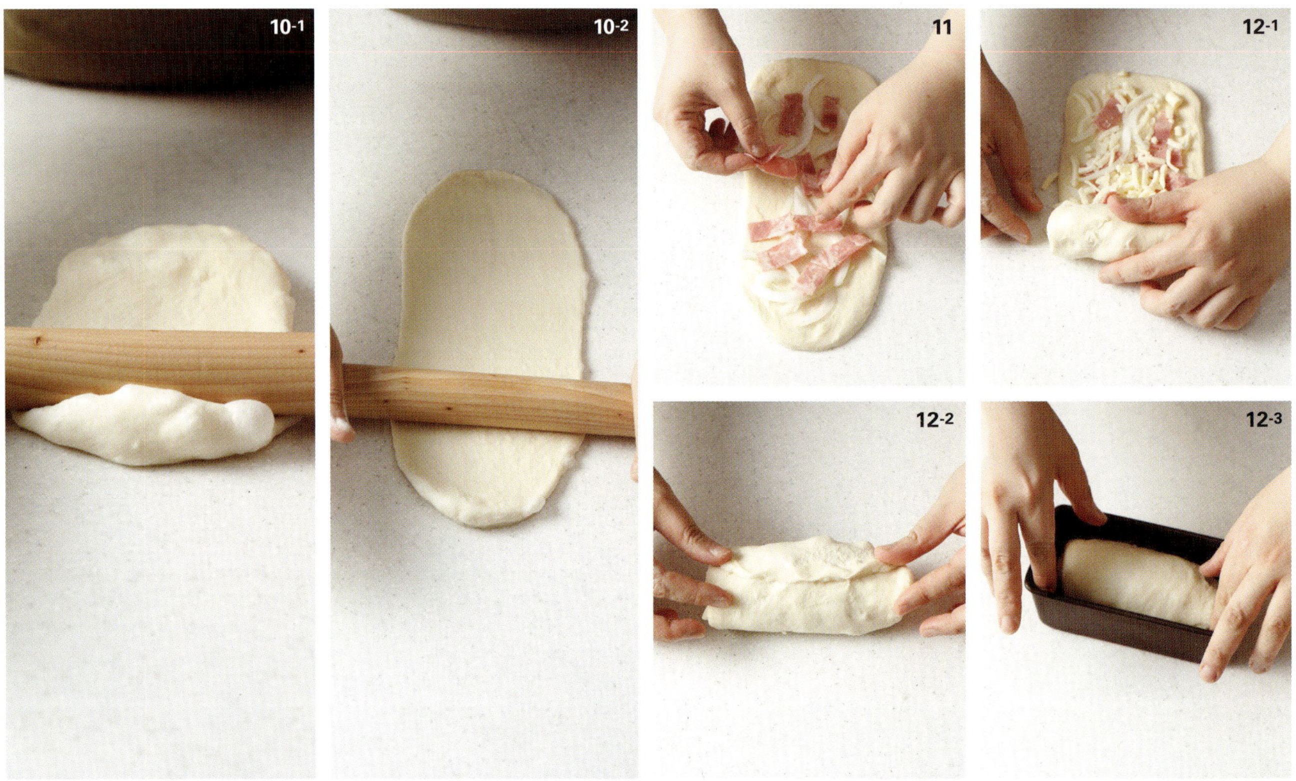

성형

10 밀대를 이용해 반죽의 공기를 빼며 약 27㎝ 길이의 납작한 타원형으로 늘인다.

11 반죽 위에 슬라이스한 양파①(30g), 베이컨(20g), 모차렐라 치즈(20g), 롤 치즈(20g)를 각각 올린다.

12 반죽을 위쪽부터 돌돌 말고 준비한 가로 155㎜, 세로 75㎜, 높이 65㎜의 오란다(대) 틀에 넣는다.

COMMENT ▼ 셰프의 코멘트

베이컨에서 나온 기름이 양파를 만나 달큰한 감칠맛이 매력적인 식빵입니다. 데워 먹으면 치즈가 주욱 늘어나니 훨씬 더 맛있답니다. 한 끼 식사로도 충분한 빵이니 양파를 좋아한다면 꼭 한번 만들어 보길 바랍니다. 인기 있던 20년전 레시피를 조금 더 수정하고 보완했습니다.

2차 발효

13 온도 30℃, 습도 80%의 발효기에 넣는다.
14 반죽이 틀 높이만큼 올라오도록 발효시킨다.
　tip 발효 시간보다는 반죽의 상태를 보며 진행한다.

STEP 06 •
굽기

15 반죽의 윗부분에 달걀물을 바른다.
16 가위를 이용해 반죽 윗부분을 지그재그로 자른다.
17 슬라이스한 양파②와 에멘탈 치즈 슈레드를 뿌린다.
18 데크 오븐은 윗불 200℃ 아랫불 180℃에서 20~21분, 컨벡션 오븐은 180℃에서
　18~20분 동안 굽는다.
　tip 오븐마다 성능이 다르므로 굽는 시간과 온도는 각자의 상황에 맞도록 조절한다.
19 노릇한 색으로 구워지면 오븐에서 꺼내 가볍게 충격을 주고 틀에서 분리해 식힌다.

검은깨 소프트 베이글

베이글은 묵직하고 쫄깃한 식감으로 사랑받는 빵이지만
더 부드러우면 좋겠다는 의견에 따라 탄생한 제품입니다.
반죽에 우유와 버터를 첨가해 부드러움을 더하고
검은깨를 활용해 고소한 맛을 끌어올렸지요.

초봄 　 고소함 　 부드러움

─────────── • INGREDIENT STORY • ───────────

흑임자

검정깨를 뜻하는 흑임자는 예로부터 중국과 우리나라에서 불로장수 식품으로 귀하게 여기던 재료입니다. 항산화
작용과 치매 예방 뿐만 아니라 암과 심장 질환을 막는 효과도 있다고 합니다. 깨 특유의 고소한 맛이 한층 더 강하게
느껴지는 흑임자는 가루 내어 빵이나 크림에 넣어도 좋고, 흑임자 그대로 반죽에 섞어도 좋습니다. 반죽에 적당량
추가하는 식으로 넣으면 됩니다. 요즘 카페에서는 음료에도 흑임자를 많이 활용하는 것을 볼 수 있습니다. 개인적으
로도 좋아하는 재료이기에 다양하게 활용하고 있습니다.

INGREDIENTS ▼

	재료	12개 분량(g)
본 반죽	강력분	920
	흑임자 가루	55
	흑임자	25
	소금	16
	설탕	70
	세미 드라이이스트 골드	10
	우유	300
	물	200
	버터	50
	합계	**1,648**

TIMETABLE ▼

준비 끓는 물, 버터 녹이기

7분 — **반죽**
25~26℃

20~30분 — **1차 발효**
실온(24~25℃)

10~20분 — **분할 및 중간 발효**
130g, 실온(24~25℃)

성형
링 모양

20분 — **2차 발효**
온도 27℃, 습도 80%

10초씩 — **데치기**

12~15분 — **굽기**
[데크 오븐] 240℃/220℃ 12~15분
[컨벡션 오븐] 190℃ → 160℃ 15분

마무리

PREPARATION ▼

미리 준비하기 ①

베이글 반죽을 데치기
위해 냄비에 물을 받아
끓일 준비를 한다.

미리 준비하기 ②

버터는 녹여 둔다.

DIRECTIONS ▼

STEP 01 •
반죽

1 본 반죽의 모든 재료를 믹서볼에 넣고 저속에서 5분간 반죽한다.
2 중속으로 속도를 올리고 2분간 반죽해 적당히 한 덩어리로 만든다.
3 온도계를 반죽의 중심에 꽂아 온도를 확인한다. ▶ 반죽 온도 25~26℃

STEP 02 •
1차 발효

4 적당한 크기의 통에 담아 24~25℃의 실온에서 20~30분 동안 발효시킨다.
tip 발효 시간과 온도는 반죽의 상태나 주변 환경에 따라 달라질 수 있다.

STEP 03 •
분할 및 중간 발효

5 완성된 반죽을 130g씩 분할한다.
6 반죽을 살짝 눌러 직사각형 모양으로 편 다음 가볍게 만다.
7 발효통의 뚜껑을 덮고 실온에서 10~20분 동안 휴지시킨다.

STEP 04 •
성형

8 밀대를 이용해 반죽의 공기를 빼며 긴 직사각형 모양으로 늘인다.

9 반죽을 가로로 길게 놓은 다음 윗부분 절반을 접어 누른다.

10 한번 더 절반을 접고 꾹꾹 누른다.

11 반죽의 한쪽 끝을 열고 다른 한쪽은 뾰족하게 만든다.

12 열린 반죽 틈으로 뾰족한 한쪽 끝을 넣고 이음매를 잘 꼬집어 붙인다.

COMMENT ▼ 셰프의 코멘트

검은깨를 듬뿍 넣어 고소한 풍미가 가득한 베이글입니다. 반죽에는 우유와 버터를 첨가하여
일반적인 베이글보다 훨씬 부드러운 식감으로 완성됐지요. 베이글 특유의 쫄깃함, 검은깨의 고소함,
그리고 누구나 편하게 즐길 수 있는 부드러움을 가진 새로운 메뉴가 탄생해 아주 마음에 듭니다.

STEP 05 •
2차 발효

13 온도 27℃, 습도 80%의 발효기에 넣고 20분 동안 발효시킨다.
tip 과발효 되지 않도록 주의한다.

STEP 06 •
데치기

14 물을 팔팔 끓인 다음 2차 발효가 완료된 반죽을 넣고 앞뒤로 10초씩 데친다.
tip 베이글을 데침으로써 특유의 링 모양과 쫀득한 껍질이 만들어진다.

STEP 07 •
굽기

15 오븐 팬에 적당한 간격을 두고 가지런히 올린다.
16 데크 오븐은 윗불 240℃ 아랫불 220℃에서 12~15분 굽는다. 컨벡션 오븐은 190℃에서
15분 동안 굽되, 중간에 노릇한 색이 나기 시작하면 160℃로 낮춘다.
tip 오븐마다 성능이 다르므로 굽는 시간과 온도는 각자의 상황에 맞도록 조절한다.

CRANBERRY RICE BAGEL

쌀 크랜베리 베이글

다양한 이유로 밀가루 대신 쌀로 만든 빵을 찾는
사람들이 많아졌습니다. 이 베이글은 건강을
생각하면서도 맛의 즐거움을 놓치지 않으려는
시도에서 탄생한 메뉴입니다. 쌀가루는 밀가루와는
또 다른 담백함이 있답니다.

초여름 　 담백함 　 상큼함

· INGREDIENT STORY ·

강력 쌀가루

쌀가루는 보통 떡을 만들 때 사용하는 재료이지만 빵에 쓰기 적합하도록 만들어진 전용 쌀가루가 따로 있습니다.
강력, 중력, 박력 쌀가루가 있으며 이중 강력 쌀가루와 중력 쌀가루는 글루텐을 섞은 제품입니다. 만들려는 제품과
용도에 맞게 골라 사용하면 됩니다. 쌀가루로 빵을 만들 때는 1차 발효를 짧게 하는 것이 좋은데 쌀가루는 글루텐이
적어 과하게 발효시킬 경우 반죽의 힘이 없어지기 때문입니다. 또한 쌀가루로 만든 베이글은 밀가루로 만든 베이글
과는 조금 다른 맛을 지녔습니다. 약간 쫀득하면서도 쌀의 향과 맛이 나는 것이 독특하지요. 식감은 밀가루로 만든
제품과 비슷합니다. 밀가루를 사용하지 않고 베이킹을 해야할 때 추천하는 재료입니다.

	재료	13개 분량(g)
본 반죽	강력 쌀가루	1,000
	소금	16
	설탕	40
	세미 드라이이스트 레드	10
	물	540
	식용유	50
충전물	크랜베리	100
	합계	1,756

PREPARATION ▼

미리 준비하기

베이글 반죽을 데치기
위해 냄비에 물을 받아
끓일 준비를 한다.

TIMETABLE ▼

준비 끓는 물

7분 — **반죽 ← 크랜베리**
25~26℃

20~30분 — **1차 발효**
실온(24~25℃)

10~20분 — **분할 및 중간 발효**
130g, 실온(24~25℃)

성형
꼬인 링 모양

20분 — **2차 발효**
온도 27℃, 습도 80%

10초씩 — **데치기**

12~15분 — **굽기**
[데크 오븐] 240℃/220℃ 12~15분
[컨벡션 오븐] 190℃ → 160℃ 15분

마무리

DIRECTIONS ▾

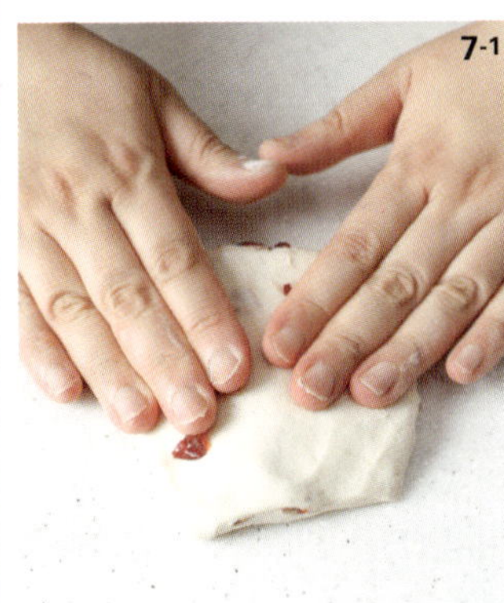

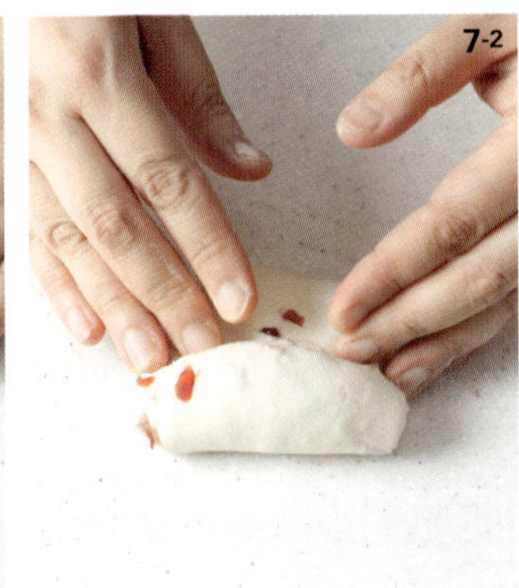

STEP 01 •
반죽

1　본 반죽의 모든 재료를 믹서볼에 넣고 저속에서 5분간 반죽한다.

2　중속으로 속도를 올리고 2분간 반죽해 적당히 한 덩어리로 만든다.

3　크랜베리를 반죽에 넣고 저속으로 가볍게 섞는다.

4　온도계를 반죽의 중심에 꽂아 온도를 확인한다.　▶ 반죽 온도 25~26℃

STEP 02 •
1차 발효

5　적당한 크기의 통에 담아 24~25℃의 실온에서 20~30분 동안 발효시킨다.

　　tip 발효 시간과 온도는 반죽의 상태나 주변 환경에 따라 달라질 수 있다.

STEP 03 •
분할 및 중간 발효

6　완성된 반죽을 130g씩 분할한다.

7　반죽을 살짝 눌러 직사각형 모양으로 편 다음 가볍게 만다.

8　발효통의 뚜껑을 덮고 실온에서 10~20분 동안 휴지시킨다.

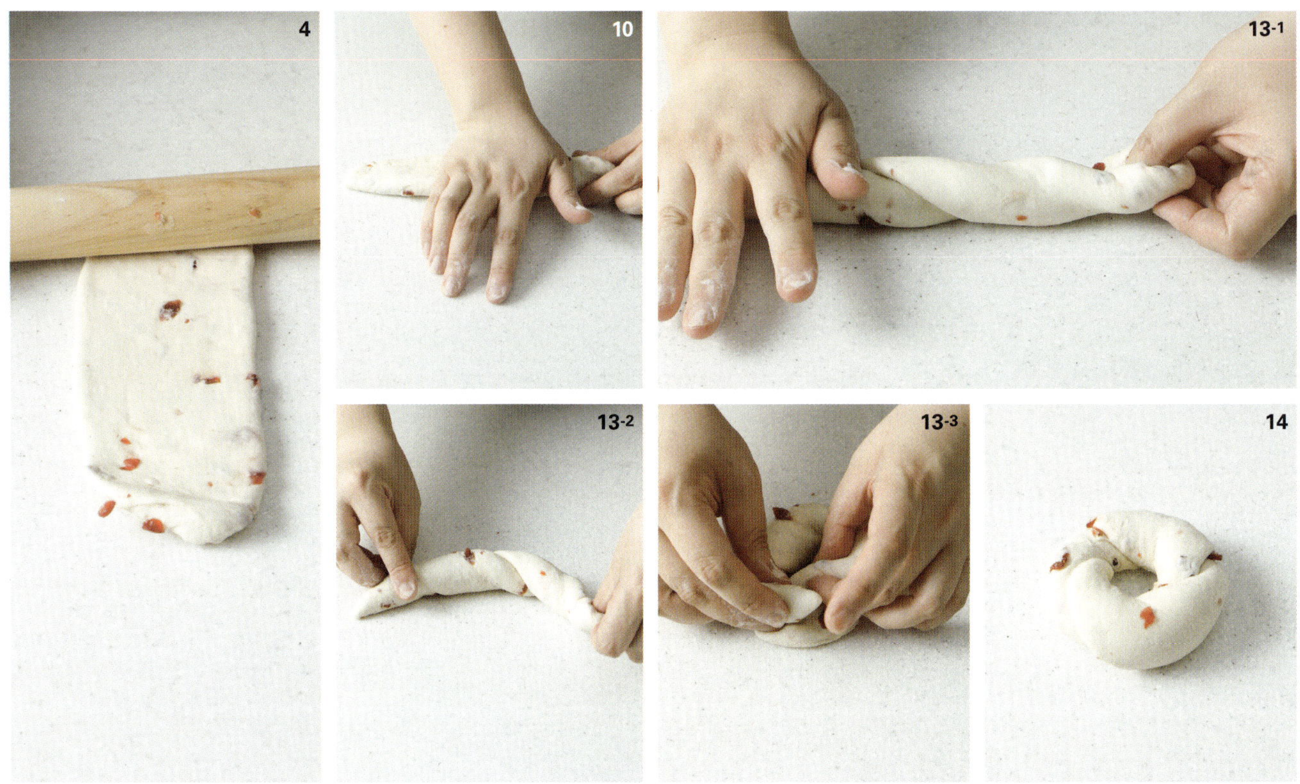

9 밀대를 이용해 반죽의 공기를 빼며 긴 직사각형 모양으로 늘인다.

10 반죽을 가로로 길게 놓은 다음 윗부분 절반을 접어 누른다.

11 한번 더 절반을 접고 꾹꾹 누른다.

12 반죽의 한쪽 끝을 열고 다른 한쪽은 뾰족하게 만든다.

13 반죽을 여러 번 꼰 다음 열린 반죽 틈으로 뾰족한 한쪽 끝을 넣는다.

14 이음매를 잘 꼬집어 붙인다.

COMMENT ▼ 셰프의 코멘트

제빵용 쌀가루 특유의 맛과 향은 밀가루로 만든 빵과는 확연히 다른 느낌을 줍니다. 쌀 특유의
담백함과 새콤한 크랜베리와의 조합이 좋은 평가를 받은 제품입니다.

STEP 05 •
2차 발효

15 온도 27℃, 습도 80%의 발효기에 넣고 20분 동안 발효시킨다.
tip 과발효 되지 않도록 주의한다.

STEP 06 •
데치기

16 물을 팔팔 끓인 다음 2차 발효가 완료된 반죽을 넣고 앞뒤로 10초씩 데친다.
tip 베이글을 데침으로써 특유의 링 모양과 쫀득한 껍질이 만들어진다.

STEP 07 •
굽기

17 오븐 팬에 적당한 간격을 두고 가지런히 올린다.
18 오븐 팬에 올린 뒤 데크 오븐은 윗불 240℃ 아랫불 220℃에서 12~15분 굽는다.
컨벡션 오븐은 190℃에서 15분 동안 굽되, 중간에 노릇한 색이 나기 시작하면
160℃로 낮춘다.
tip 오븐마다 성능이 다르므로 굽는 시간과 온도는 각자의 상황에 맞도록 조절한다.

OLIVE CHEESE BAGEL

폭탄 올리브 치즈 베이글

요즘은 재료를 듬뿍 올린 빵이 대세인 듯 합니다.
이 제품 역시 빵에 올리브가 엄청나게 많았으면 좋겠다는
손님의 의견에 개발한 메뉴입니다. 매대에 진열하면
시선 강탈! 우리 빵집의 최고 인기 메뉴가 될 거예요.

한겨울　｜　짭조름　｜　비주얼

INGREDIENT STORY

블랙 올리브

올리브는 지중해 연안에서 나는 대표적인 재료입니다. 생으로 먹기에는 쓴맛이 강해 주로 절임으로 만들거나 압착하여 기름을 짜서 먹는다고 해요. 우리가 아는 바로 그 올리브오일이지요. 빵에 사용하는 제품은 보통 블랙과 그린 올리브를 절인 것으로, 그린은 덜 익은 올리브이고 블랙은 완전히 익은 완숙 올리브입니다. 짭짤하면서도 산뜻한 올리브 특유의 맛을 살려 빵에 토핑으로 사용하거나 속 재료로 활용할 수 있습니다. 주로 병이나 캔에 든 통조림 제품을 많이 사용하는데 통 속의 액체를 제거하고 체에 받쳐 물기를 없앤 뒤 사용하면 됩니다. 간이 강한 편이기 때문에 너무 많이 사용할 경우 빵이 많이 짤 수 있으니 사용량을 적절히 조절해야 합니다.

재료		13개 분량(g)
본 반죽	강력분	800
	중력분	200
	소금	16
	설탕	40
	세미 드라이이스트 레드	10
	물	500
	식용유	50
충전물	블랙 올리브 슬라이스①	150
	합계	**1,766**
토핑	블랙 올리브 슬라이스②	650
	모차렐라 치즈 슈레드	390

TIMETABLE ▼

준비 끓는 물, 블랙 올리브 슬라이스 준비

7분 — **반죽 ← 블랙 올리브**
25~26℃

20~30분 — **1차 발효**
실온(24~25℃)

10~20분 — **분할 및 중간 발효**
130g, 실온(24~25℃)

성형
링 모양

20분 — **2차 발효**
온도 27℃, 습도 80%

10초씩 — **데치기**

12~15분 — **굽기 ← 토핑**
[데크 오븐] 240℃/220℃ 12~15분
[컨벡션 오븐] 190℃ → 160℃ 15분

마무리

PREPARATION ▼

미리 준비하기 ①

베이글 반죽을 데치기
위해 냄비에 물을 받아
끓일 준비를 한다.

미리 준비하기 ②

블랙 올리브 슬라이스는
체에 받쳐 물기를
빼 둔다.

DIRECTIONS ▼

STEP 01 •
반죽

1 본 반죽의 모든 재료를 믹서볼에 넣고 저속에서 5분간 반죽한다.
2 중속으로 속도를 올리고 2분간 반죽해 적당히 한 덩어리로 만든다.
3 블랙 올리브 슬라이스①을 반죽에 넣고 저속으로 가볍게 섞는다.
4 온도계를 반죽의 중심에 꽂아 온도를 확인한다. ▶ 반죽 온도 25~26℃

STEP 02 •
1차 발효

5 적당한 크기의 통에 담아 24~25℃의 실온에서 20~30분 동안 발효시킨다.
tip 발효 시간과 온도는 반죽의 상태나 주변 환경에 따라 달라질 수 있다.

STEP 03 •
분할 및 중간 발효

6 완성된 반죽을 130g씩 분할한다.
7 반죽을 살짝 눌러 직사각형 모양으로 편 다음 가볍게 만다.
8 발효통의 뚜껑을 덮고 실온에서 10~20분 동안 휴지시킨다.

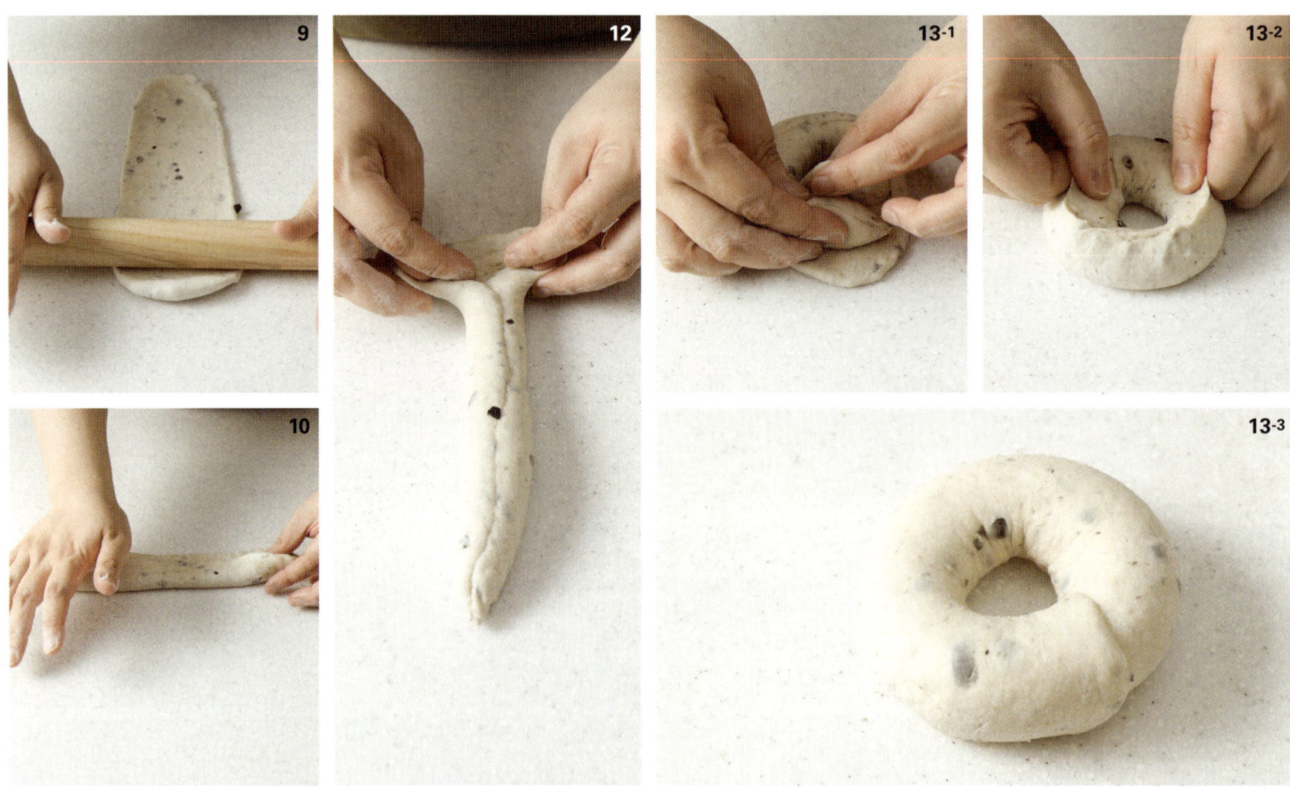

STEP 04
성형

9 밀대를 이용해 반죽의 공기를 빼며 긴 직사각형 모양으로 늘인다.

10 반죽을 가로로 길게 놓은 다음 윗부분 절반을 접어 누른다.

11 한번 더 절반을 접고 꾹꾹 누른다.

12 반죽의 한쪽 끝을 열고 다른 한쪽은 뾰족하게 만든다.

13 열린 반죽 틈으로 뾰족한 한쪽 끝을 넣고 이음매를 잘 꼬집어 붙인다.

COMMENT ▼ 셰프의 코멘트

폭탄이 떨어진 듯 올리브와 치즈를 듬뿍 올린 베이글입니다. 맛이 없을 수가 없죠.
생각보다 짠맛이 강하지는 않고 올리브 특유의 감칠맛이 폭발합니다.
이름처럼 유쾌하면서도 풍성한 즐거움을 준답니다.

STEP 05 •
2차 발효

14 온도 27℃, 습도 80%의 발효기에 넣고 20분 동안 발효시킨다.
tip 과발효 되지 않도록 주의한다.

STEP 06 •
데치기

15 물을 팔팔 끓인 다음 2차 발효가 완료된 반죽을 넣고 앞뒤로 10초씩 데친다.
tip 베이글을 데침으로써 특유의 링 모양과 쫀득한 껍질이 만들어진다.

STEP 07 •
굽기

16 오븐 팬에 적당한 간격을 두고 가지런히 올린다.
17 블랙 올리브 슬라이스②(50g)와 모차렐라 치즈 슈레드(30g)를 듬뿍 올린다.
18 데크 오븐은 윗불 240℃ 아랫불 220℃에서 12~15분 굽는다. 컨벡션 오븐은 190℃에서
15분 동안 굽되, 중간에 노릇한 색이 나기 시작하면 160℃로 낮춘다.
tip 오븐마다 성능이 다르므로 굽는 시간과 온도는 각자의 상황에 맞도록 조절한다.

SALT 소금빵
BREAD

HARD
SALT
BREAD

`한겨울`　`겉바속촉`　`담백함`

하드 소금빵

소금빵은 단순함이 매력이지만 동시에
만드는 사람에 따라 천차만별인 제품입니다.
이 소금빵은 껍질이 아주 얇고 바삭한 반면
속살은 촉촉하고 담백한 것이 특징입니다.

— INGREDIENT STORY —

가염 버터

가염 버터는 염분이 첨가된 버터로, 소금빵을 만들 때 매우 중요한 재료입니다. 가염 버터 속 염분이 소금빵의 짭짤한
감칠맛을 극대화시키기 때문이지요. 브랜드마다 사용하는 소금의 종류와 염도가 조금씩 차이나기 때문에 각각
맛과 향, 풍미가 다르답니다. 일반적으로 무염 버터에 비해 가염 버터는 1~2%의 소금을 첨가하는 것으로 알려져 있습
니다. 그 소량의 소금만으로도 전혀 다른 맛의 버터가 완성되는 것이지요. 다양한 브랜드의 가염 버터를 사용해
보고 내 입맛에 맞는 버터를 고르면 됩니다. 버터는 장기간 보관할 때는 냉동고에 넣어 보관하고 냉장 보관 시에는
최대한 빨리 사용하는 것이 좋습니다.

	재료	30개 분량(g)
본 반죽	강력분	600
	중력분	400
	설탕	40
	소금	16
	세미 드라이이스트 레드	15
	버터	40
	차가운 물	550
	차가운 우유	150
	합계	1,811
성형 재료	가염 버터	300
토핑	굵은 소금	적당량

PREPARATION ▼

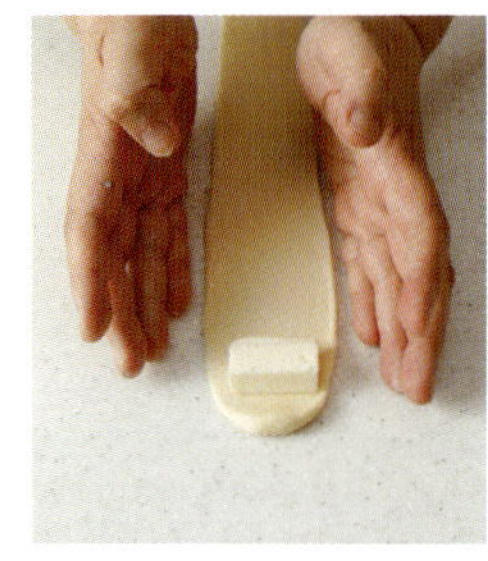

미리 준비하기

가염 버터는 길이 4㎝(10g)로
잘라 준비한다.

TIMETABLE ▼

준비 가염 버터

10~12분 — **반죽**
26~27℃

50분 — **1차 발효**
실온(24~25℃)

10~20분 — **분할 및 중간 발효**
60g

30분 — **중간 성형 및 냉장 휴지**
길이 15㎝

— **성형 ← 가염 버터**
소금빵 모양

90분 — **2차 발효**
온도 30℃, 습도 80%

15~18분 — **굽기 ← 물, 소금**
[데크 오븐] 225℃/180℃ 스팀+ 15~18분
[컨벡션 오븐] 220℃ 스팀+ → 190℃ 15분

마무리

DIRECTIONS ▼

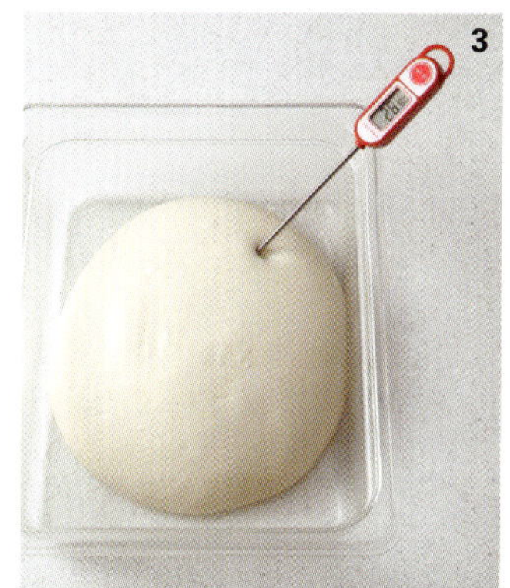

STEP 01 •
반죽

1 본 반죽의 모든 재료를 믹서볼에 넣고 저속에서 3분간 반죽한다.

2 중속으로 속도를 올리고 7~9분 동안 반죽해 유연하게 늘어나는 매끄럽고 부드러운 반죽을 만든다.

3 온도계를 반죽의 중심에 꽂아 온도를 확인한다. ▶ 반죽 온도 26~27℃

STEP 02 •
1차 발효

4 적당한 크기의 통에 담아 24~25℃의 실온에서 50분 동안 발효시킨다.

5 반죽이 2배 크기로 부풀면 밀가루를 묻힌 손가락을 찔러 넣어 핑거 테스트를 실시한다.

6 찌른 구멍이 수축되지 않고 그대로 유지되면 적당히 발효된 것이니 발효를 마무리한다.

tip 발효 시간과 온도는 반죽의 상태나 주변 환경에 따라 달라질 수 있다.

STEP 03 •
분할 및 중간 발효
& 중간 성형 및
냉장 휴지

7 덧가루를 뿌린 뒤 완성된 반죽을 60g씩 분할한다.

8 반죽을 접은 다음 손바닥으로 눌러 가스를 뺀 뒤 둥글리기한다.

9 발효통에 넣고 뚜껑을 덮은 다음 실온에서 10~20분 동안 휴지시킨다.

10 반죽을 다시 한번 손바닥으로 눌러 가스를 뺀다.

11 손바닥으로 누르며 15㎝ 길이의 긴 미꾸라지 모양으로 중간 성형한다.

12 다시 발효통에 넣고 냉장고에서 30분간 차갑게 냉장 휴지시킨다.

COMMENT ▼ 셰프의 코멘트

요즘 빵집에서 절대 빠지면 안 되는 메뉴를 꼽으라면 바로 소금빵입니다. 그 정도로 대한민국은
여전히 소금빵 열풍입니다. 오후의빵집에서도 밀가루의 조합, 설탕과 버터 그리고 액체 재료의
양 등을 조절하며 레시피 개발에 많은 시간을 쏟고 있습니다. 그렇게 완성된 이 레시피로
2022년부터 지금까지 무려 30만개 이상의 소금빵을 판매했지요.

---

13 밀대를 이용해 반죽을 폭 4㎝, 길이 40㎝의 긴 역삼각형 모양으로 늘인다.
   tip 밀대를 잡지 않은 손으로 반죽을 잡아 당기며 늘인다.
14 삼각형의 밑변 부분에 4㎝ 길이의 가염 버터(10g)를 한 조각 올린다.
15 위쪽부터 돌돌 말아 소금빵 모양으로 성형한다.

---

16 성형한 빵을 오븐 팬에 적당한 간격을 두고 가지런히 올린다.
17 온도 30℃, 습도 80%의 발효기에 넣고 1시간 30분 동안 충분히 발효시킨다.
   tip 발효 시간보다는 반죽의 상태를 보며 진행한다.

---

18 분무기를 이용해 반죽 표면에 물(분량 외)을 뿌린 뒤, 소금을 조금씩 올린다.
19 데크 오븐은 윗불 225℃ 아랫불 180℃로 예열해 스팀을 넣은 다음 15~18분간 굽는다.
   컨벡션 오븐은 220℃로 예열해 스팀을 넣은 다음 190℃로 낮춰 15분 동안 굽는다.
   tip 오븐마다 성능이 다르므로 굽는 시간과 온도는 각자의 상황에 맞도록 조절한다.

ASPARAGUS JAMBON SALT BREAD

아스파라거스 잠봉 소금빵

빵 하나로도 끼니를 해결할 수 있는 빵을 만들고자
개발한 제품입니다. 바삭바삭한 하드 타입 소금빵에
아스파라거스와 잠봉이 아주 잘 어울리지요.
단순한 간식을 넘어선 고급스러움이 있답니다.

초봄   감칠맛   한 끼 식사

--- INGREDIENT STORY ---

아스파라거스

아스파라거스는 아스파라긴산이 듬뿍 든 채소로 4~5월이 제철입니다. 주된 원산지는 유럽이나 폴란드, 러시아
이지만 요즘에는 우리나라에서도 많이 재배해 국산 아스파라거스를 쉽게 구매할 수 있습니다. 아스파라거스는
아삭아삭하면서도 담백한 맛이 특징이며, 굽거나 찌거나 튀김으로 활용하기 좋습니다. 스테이크와 같은 고기 요리에
가니시로 자주 사용되지요. 따라서 햄이나 치즈와도 무척 잘 어울리겠다 생각해 소금빵에 활용해 보았습니다. 아스
파라거스는 토마토와 함께 먹으면 위의 염증을 줄이고 피로 회복에도 좋은 효과가 있다고 합니다. 그러니 토마토와
함께 사용하는 메뉴를 만들어 봐도 좋겠죠. 사용할 때는 겉 부분이 질기므로 감자칼로 껍질을 벗겨낸 뒤 살짝 데쳐서
넣습니다.

	재료	30개 분량(g)
본 반죽	강력분	600
	중력분	400
	설탕	40
	소금	16
	세미 드라이이스트 레드	15
	버터	40
	차가운 물	550
	차가운 우유	150
	합계	**1,811**
성형 재료	잠봉 슬라이스	30장
	에멘탈 치즈 슬라이스	30장
	아스파라거스	60개
	홀그레인 머스터드	적당량
	가염 버터	300
토핑	에멘탈 치즈 슈레드	적당량

TIMETABLE ▼

준비 홀그레인 머스터드, 아스파라거스, 가염 버터

- 10~12분 — **반죽**
  26~27℃

- 50분 — **1차 발효**
  실온(24~25℃)

- 10~20분 — **분할 및 중간 발효**
  60g

- 30분 — **중간 성형 및 냉장 휴지**
  길이 15㎝

- **성형 ← 홀그레인 머스터드, 잠봉, 에멘탈 치즈, 아스파라거스, 가염 버터**
  소금빵 모양

- 90분 — **2차 발효**
  온도 30℃, 습도 80%

- 15~18분 — **굽기 ← 물, 에멘탈 치즈**
  [데크 오븐] 225℃/180℃ 스팀+ 15~18분
  [컨벡션 오븐] 220℃ 스팀+ → 190℃ 15분

- **마무리**

PREPARATION ▼

미리 준비하기 ①

홀그레인 머스터드는
짤주머니에 담아
놓는다.

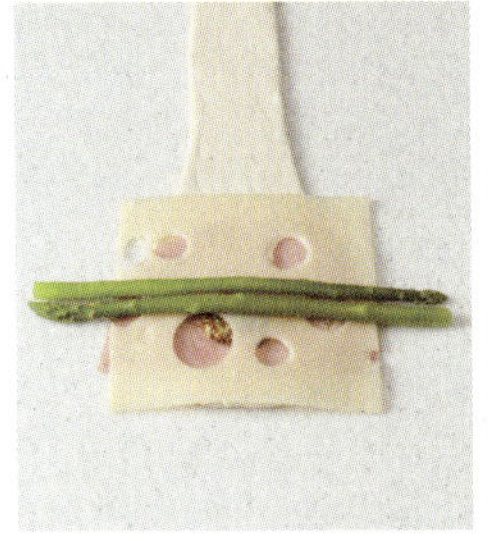

미리 준비하기 ②

아스파라거스는 필러로
껍질을 제거한 다음
끓는 물에 살짝 데쳐
준비한다.

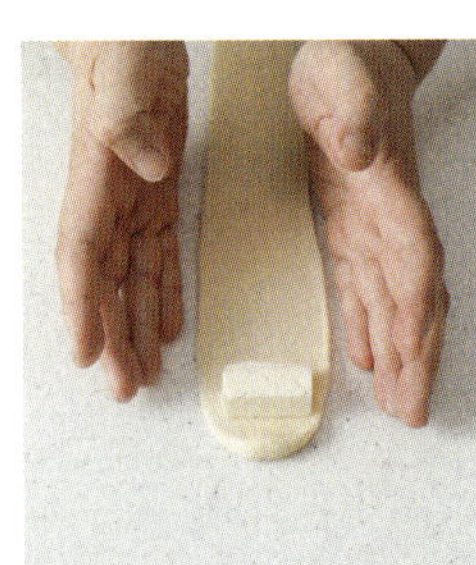

미리 준비하기 ③

가염 버터는 길이 4㎝(10g)로
잘라 준비한다.

DIRECTIONS ▼

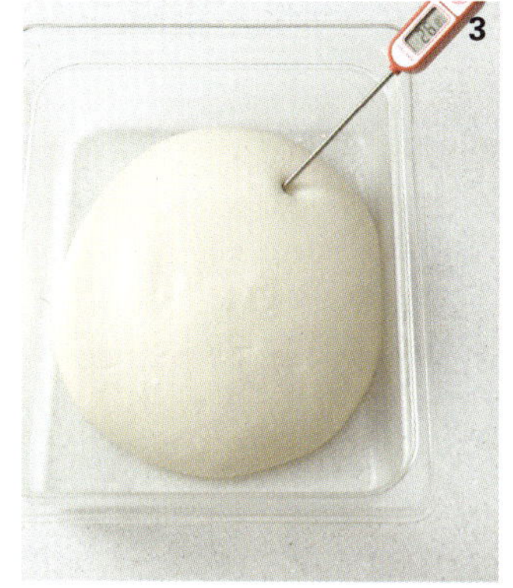

STEP 01 •
반죽

1 본 반죽의 모든 재료를 믹서볼에 넣고 저속에서 3분간 반죽한다.

2 중속으로 속도를 올리고 7~9분 동안 반죽해 유연하게 늘어나는 매끄럽고 부드러운 반죽을 만든다.

3 온도계를 반죽의 중심에 꽂아 온도를 확인한다. ▶ 반죽 온도 26~27℃

STEP 02 •
1차 발효

4 적당한 크기의 통에 담아 24~25℃의 실온에서 50분 동안 발효시킨다.

5 반죽이 2배 크기로 부풀면 밀가루를 묻힌 손가락을 찔러 넣어 핑거 테스트를 실시한다.

6 찌른 구멍이 수축되지 않고 그대로 유지되면 적당히 발효된 것이니 발효를 마무리한다.

tip 발효 시간과 온도는 반죽의 상태나 주변 환경에 따라 달라질 수 있다.

STEP 03 •
분할 및 중간 발효
& 중간 성형 및
냉장 휴지

7 완성된 반죽을 60g씩 분할한다.

8 반죽을 접은 다음 손바닥으로 눌러 가스를 뺀 뒤 둥글리기한다.

9 발효통에 넣고 뚜껑을 덮은 다음 실온에서 10~20분 동안 휴지시킨다.

10 반죽을 다시 한번 손바닥으로 눌러 가스를 뺀다.

11 손바닥으로 누르며 15㎝ 길이의 긴 미꾸라지 모양으로 중간 성형한다.

12 다시 발효통에 넣고 냉장고에서 30분간 차갑게 냉장 휴지시킨다.

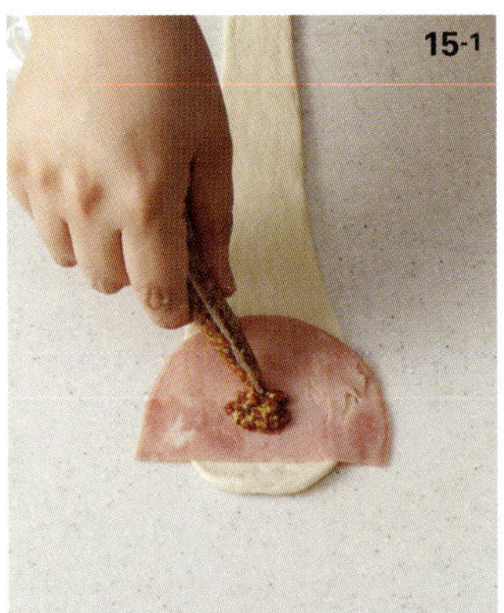
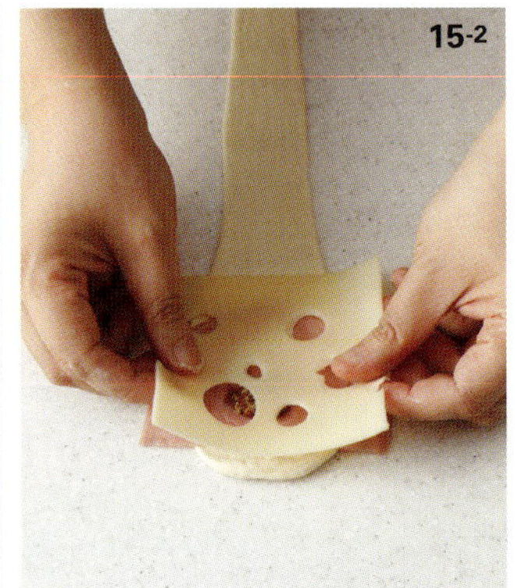

STEP 04 •
성형

13 밀대를 이용해 반죽을 폭 5㎝, 길이 40㎝의 긴 역삼각형 모양으로 늘인다.
    tip 밀대를 잡지 않은 손으로 반죽을 잡아 당기며 늘인다.

14 삼각형의 밑변 부분에 잠봉 슬라이스 햄을 한 조각씩 올린다.

15 홀그레인 머스터드를 햄 위에 조금 짠 다음 에멘탈 치즈 슬라이스를 한 장씩 올린다.

16 데친 아스파라거스 두 개와 가염 버터 한 조각을 올린 다음 위쪽부터 돌돌 말아
    소금빵 모양으로 성형한다.

COMMENT ▼ 셰프의 코멘트

구웠을 때 특유의 아삭한 식감과 향이 있는 아스파라거스와 일반 햄보다 깊고 깔끔한 감칠맛을
지니고 있는 잠봉은 담백한 빵과 아주 잘 어울린답니다. 특히 소금빵 속 가염 버터의 짭짤함이
자연스럽게 아스파라거스와 잠봉에 스며들어 더더욱 매력적이지요.

STEP 05
2차 발효

17 성형한 빵을 오븐 팬에 적당한 간격을 두고 가지런히 올린다.

18 온도 30℃, 습도 80%의 발효기에 넣고 1시간 30분 동안 충분히 발효시킨다.

tip 발효 시간보다는 반죽의 상태를 보며 진행한다.

STEP 06
굽기

19 분무기를 이용해 반죽 표면에 물(분량 외)을 뿌린 다음 에멘탈 치즈 슈레드를 올린다.

20 데크 오븐은 윗불 225℃ 아랫불 180℃로 예열해 스팀을 넣은 다음 15~18분간 굽는다.

컨벡션 오븐은 220℃로 예열해 스팀을 넣은 다음 190℃로 낮춰 15분 동안 굽는다.

tip 오븐마다 성능이 다르므로 굽는 시간과 온도는 각자의 상황에 맞도록 조절한다.

POLLOCK ROE SALT BREAD

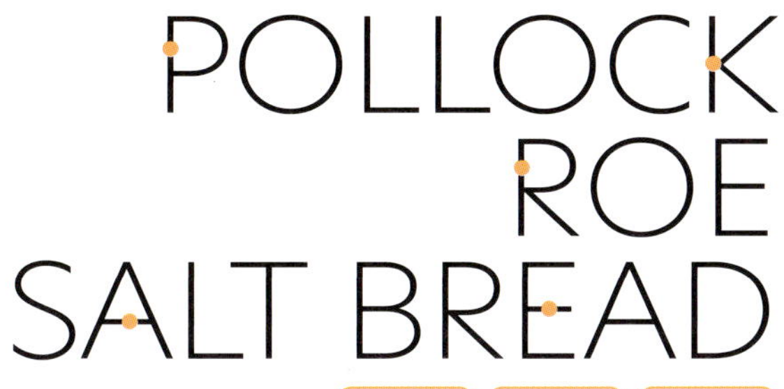

초여름   감칠맛   짭조름

명란 소금빵

명란젓은 최근 바게트에 많이 활용되는 추세입니다. 하지만 소금빵에 접목해 보니 바게트보다 훨씬 더 잘 어울린다는 걸 깨달았습니다. 오후의빵집에서 가장 평이 좋은 제품 중 하나입니다.

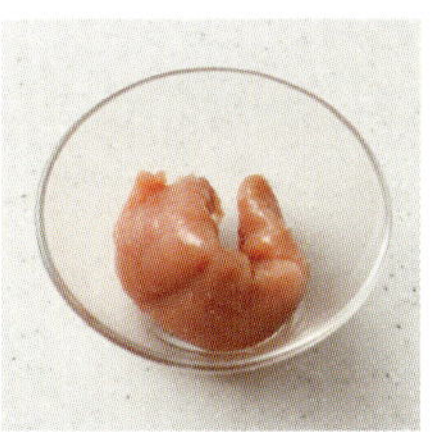

INGREDIENT STORY

명란젓

명란젓은 명태의 알을 소금에 절인 젓갈입니다. 약간의 고춧가루를 넣어 분홍빛을 띠고 매운맛이 살짝 있습니다. 빵에 접목하기에 조금 특이한 재료이지만 요즘은 명란 바게트, 명란 소금빵, 명란 소스가 발린 샌드위치 등 다양하게 찾아볼 수 있지요. 오후의빵집에서는 짠맛이 덜하고 부드러운 맛이 특징인 저염 명란젓을 사용합니다. 물론 명란젓을 그대로 쓰는 것은 아니고 마요네즈나 생크림 등 다양한 재료를 섞어 부드러운 특제 명란 소스로 만들었어요. 개인적으로 명란젓과 가장 잘 어울리는 빵은 소금빵인 것 같습니다. 명란은 버터와 정말 잘 어울리는데, 소금빵 속의 짭짤한 가염 버터와 명란젓이 만났을 때 감칠맛이 극대화되기 때문이죠.

재료		30개 분량(g)
본 반죽	강력분	600
	중력분	400
	설탕	40
	소금	16
	세미 드라이이스트 레드	15
	버터	40
	차가운 물	550
	차가운 우유	150
	합계	**1,811**
성형 재료	가염 버터	300
토핑	굵은 소금	적당량
	명란 소스 저염 명란젓	150
	설탕	45
	마요네즈	240
	간 파마산 치즈	60
	생크림	90
마무리	김 가루	적당량

- **준비** 가염 버터
- [10~12분] **반죽**
  26~27℃
- [50분] **1차 발효**
  실온(24~25℃)
- [10~20분] **분할 및 중간 발효**
  60g
- [30분] **중간 성형 및 냉장 휴지**
  길이 15cm
- **성형** ← 가염 버터
  소금빵 모양
- [90분] **2차 발효**
  온도 30℃, 습도 80%
- [15~18분] **굽기** ← 물, 소금
  [데크 오븐] 225℃/180℃ 스팀+ 15~18분
  [컨벡션 오븐] 220℃ 스팀+ → 190℃ 15분
- **마무리** 명란 소스, 김 가루 → 180℃ 3~5분

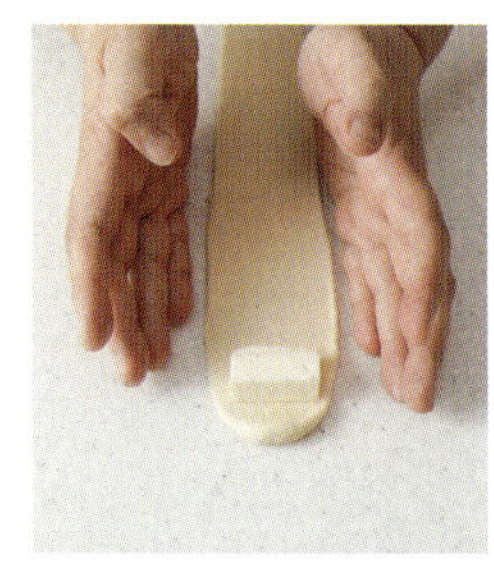

미리 준비하기

가염 버터는 길이 4cm(10g)로
잘라 준비한다.

DIRECTIONS ▼

STEP 01 •
명란 소스

1 저염 명란젓에 나머지 모든 재료를 넣고 잘 섞는다.
2 완성된 소스는 짤주머니에 담아 냉장고에 보관한다.

STEP 02 •
반죽

3 본 반죽의 모든 재료를 믹서볼에 넣고 저속에서 3분간 반죽한다.
4 중속으로 속도를 올리고 7~9분 동안 반죽해 유연하게 늘어나는 매끄럽고 부드러운 반죽을 만든다.
5 온도계를 반죽의 중심에 꽂아 온도를 확인한다. ▶ 반죽 온도 26~27℃

STEP 03 •
1차 발효

6 적당한 크기의 통에 담아 24~25℃의 실온에서 50분 동안 발효시킨다.
7 반죽이 2배 크기로 부풀면 밀가루를 묻힌 손가락을 찔러 넣어 핑거 테스트를 실시한다.
8 찌른 구멍이 수축되지 않고 그대로 유지되면 적당히 발효된 것이니 발효를 마무리한다.
tip 발효 시간과 온도는 반죽의 상태나 주변 환경에 따라 달라질 수 있다.

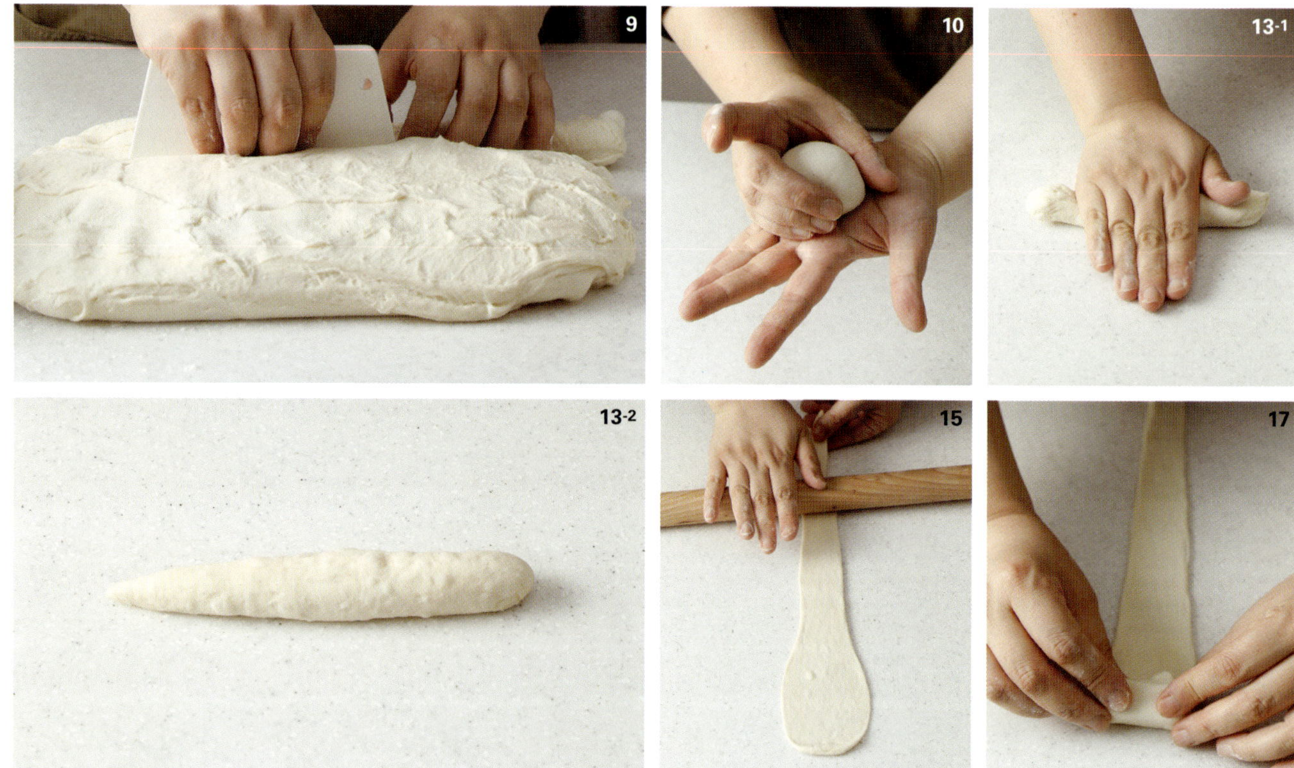

<table>
<tr><td>

STEP 04 •
분할 및 중간 발효
& 중간 성형 및
냉장 휴지

</td><td>

9 완성된 반죽을 60g씩 분할한다.
10 반죽을 접은 다음 손바닥으로 눌러 가스를 뺀 뒤 둥글리기한다.
11 발효통에 넣고 뚜껑을 덮은 다음 실온에서 10~20분 동안 휴지시킨다.
12 반죽을 다시 한번 손바닥으로 눌러 가스를 뺀다.
13 손바닥으로 누르며 15㎝ 길이의 긴 미꾸라지 모양으로 중간 성형한다.
14 다시 발효통에 넣고 냉장고에서 30분간 차갑게 냉장 휴지시킨다.

</td></tr>
<tr><td>

STEP 05 •
성형

</td><td>

15 밀대를 이용해 반죽을 폭 4㎝, 길이 40㎝의 긴 역삼각형 모양으로 늘인다.
   tip 밀대를 잡지 않은 손으로 반죽을 잡아 당기며 늘인다.
16 삼각형의 밑변 부분에 4㎝ 길이의 가염 버터(10g)를 한 조각 올린다.
17 위쪽부터 돌돌 말아 소금빵 모양으로 성형한다.

</td></tr>
<tr><td>

STEP 06 •
2차 발효

</td><td>

18 성형한 빵을 오븐 팬에 적당한 간격을 두고 가지런히 올린다.
19 온도 30℃, 습도 80%의 발효기에 넣고 1시간 30분 동안 충분히 발효시킨다.
   tip 발효 시간보다는 반죽의 상태를 보며 진행한다.

</td></tr>
</table>

STEP 07 •
굽기

20 분무기를 이용해 반죽 표면에 물(분량 외)을 뿌린 뒤, 소금을 조금씩 올린다.

21 데크 오븐은 윗불 225℃ 아랫불 180℃로 예열해 스팀을 넣은 다음 15~18분간 굽는다.
컨벡션 오븐은 220℃로 예열해 스팀을 넣은 다음 190℃로 낮춰 15분 동안 굽는다.
tip 오븐마다 성능이 다르므로 굽는 시간과 온도는 각자의 상황에 맞도록 조절한다.

STEP 08 •
마무리

22 완전히 잘리지 않도록 주의하며 완성된 소금빵에 칼집을 깊게 낸다.

23 칼집 안쪽으로 명란 소스 10g을 골고루 짠다.

24 빵의 윗면에도 명란 소스를 지그재그로 뿌린다.

25 김가루를 뿌린 다음 180℃ 오븐에 넣고 3~5분 간 굽는다. 소스가 노릇해지면 완성.

COMMENT ▼ 셰프의 코멘트

여러 번 비율을 조절하여 완성된 명란 소스는 폭발적인 감칠맛이 특징입니다. 바다의 풍미를
고스란히 머금은 명란과 김이 소금빵 속 가염 버터를 만나 더욱 맛있고 자극적입니다.
정말 매력적이고 맛있는 레시피이니 꼭 한번 만들어 보기 바랍니다.

FRESH
CREAM
SALT
BREAD

생크림 소금빵

그냥 먹어도 맛있는 소금빵을 더 맛있게 만들었습니다.
짭짤한 소금빵에 달콤한 크림을 조합했지요.
소금은 생크림의 단맛을 더욱 선명하게 하고,
생크림은 소금의 짠맛을 부드럽게 감싸 줍니다.

여름　　단짠　　디저트

— INGREDIENT STORY —

바닐라 빈 페이스트

바닐라는 스페인어로 '작은 콩'이라는 뜻입니다. 아메리카 원주민들이 초콜릿의 향료로 사용하던 것이 유럽에 전해졌다고 해요. 이 바닐라의 열매가 바닐라 빈인데, 검정 줄기콩 같은 모양을 하고 있고 반을 가르면 안에 작은 검정색 씨가 가득하지요. 이 씨를 긁어 낸 뒤 디저트에 주로 활용합니다. 바닐라 빈 페이스트는 이것을 페이스트 상태로 만든 것이며, 시럽처럼 끈적한 용액에 바닐라 빈이 콕콕 박혀 있답니다. 바닐라 빈 페이스트가 없다면 바닐라 빈을 직접 갈라 씨를 긁어내도 되고, 바닐라 에센스나 바닐라 오일 또는 바닐라 엑스트렉트를 사용해도 괜찮습니다. 그러나 바닐라 빈 페이스트를 사용하는 것이 제품의 맛과 향, 외관의 완성도 면에서 가장 우수하므로 추천합니다.

	재료	30개 분량(g)
본 반죽	강력분	600
	중력분	400
	설탕	40
	소금	16
	세미 드라이이스트 레드	15
	버터	40
	차가운 물	550
	차가운 우유	150
	합계	**1,811**
성형 재료	가염 버터	300
토핑	굵은 소금	적당량
마무리	**바닐라 크림** 동물성 생크림	750
	식물성 생크림	300
	설탕	120
	바닐라 빈 페이스트	15

- **준비** 가염 버터, 생크림
- **10~12분** **반죽**
  26~27℃
- **50분** **1차 발효**
  실온(24~25℃)
- **10~20분** **분할 및 중간 발효**
  60g
- **30분** **중간 성형 및 냉장 휴지**
  길이 15㎝
- **성형** ← 가염 버터
  소금빵 모양
- **90분** **2차 발효**
  온도 30℃, 습도 80%
- **15~18분** **굽기** ← 물, 소금
  [데크 오븐] 225℃/180℃ 스팀+ 15~18분
  [컨벡션 오븐] 220℃ 스팀+ → 190℃ 15분
- **마무리** 바닐라 크림

미리 준비하기 ①

두 종류의 생크림을 섞어
사용하기 직전까지 냉장고에
넣어 차갑게 보관한다.

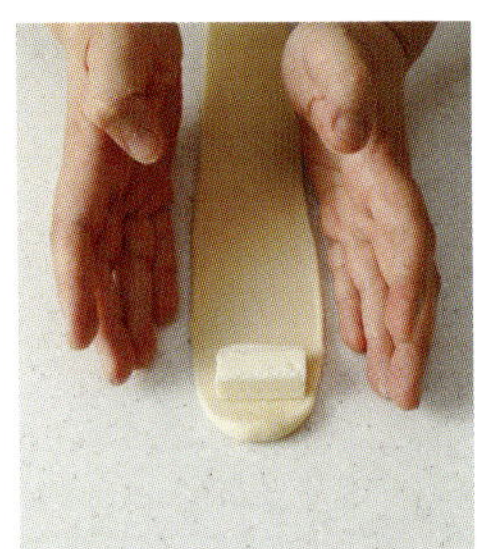

미리 준비하기 ②

가염 버터는 길이 4㎝(10g)로
잘라 준비한다.

DIRECTIONS ▼

STEP 01 •
바닐라 크림

1 차가운 생크림에 설탕과 바닐라 빈 페이스트를 넣고 휘핑한다.

2 거품기에 확실한 뿔이 생길 정도가 되면 짤주머니에 담아 냉장고에 보관한다.

　tip 매끈하고 부드러운 질감을 위해 동물성 생크림과 식물성 생크림을 섞어서 사용한다.

STEP 02 •
반죽

3 본 반죽의 모든 재료를 믹서볼에 넣고 저속에서 3분간 반죽한다.

4 중속으로 속도를 올리고 7~9분 동안 반죽해 유연하게 늘어나는 매끄럽고 부드러운 반죽을 만든다.

5 온도계를 반죽의 중심에 꽂아 온도를 확인한다. ▶ 반죽 온도 26~27℃

STEP 03 •
1차 발효

6 적당한 크기의 통에 담아 24~25℃의 실온에서 50분 동안 발효시킨다.

7 반죽이 2배 크기로 부풀면 밀가루를 묻힌 손가락을 찔러 넣어 핑거 테스트를 실시한다.

8 찌른 구멍이 수축되지 않고 그대로 유지되면 적당히 발효된 것이니 발효를 마무리한다.

　tip 발효 시간과 온도는 반죽의 상태나 주변 환경에 따라 달라질 수 있다.

STEP 04 ●
분할 및 중간 발효
& 중간 성형 및
냉장 휴지

9 완성된 반죽을 60g씩 분할한 다음 손바닥으로 눌러 가스를 빼고 둥글리기한다.

10 발효통에 넣고 뚜껑을 덮은 다음 실온에서 10~20분 동안 휴지시킨다.

11 반죽을 다시 한번 손바닥으로 눌러 가스를 뺀다.

12 손바닥으로 누르며 15㎝ 길이의 긴 미꾸라지 모양으로 중간 성형한다.

13 다시 발효통에 넣고 냉장고에서 30분간 차갑게 냉장 휴지시킨다.

STEP 05 ●
성형

14 밀대를 이용해 반죽을 폭 4㎝, 길이 40㎝의 긴 역삼각형 모양으로 늘인다.

   tip 밀대를 잡지 않은 손으로 반죽을 잡아 당기며 늘인다.

15 삼각형의 밑변 부분에 4㎝ 길이의 가염 버터(10g)를 한 조각 올린 뒤 돌돌 말아 성형한다.

STEP 06 ●
2차 발효

16 성형한 빵을 오븐 팬에 적당한 간격을 두고 가지런히 올린다.

17 온도 30℃, 습도 80%의 발효기에 넣고 1시간 30분 동안 충분히 발효시킨다.

   tip 발효 시간보다는 반죽의 상태를 보며 진행한다.

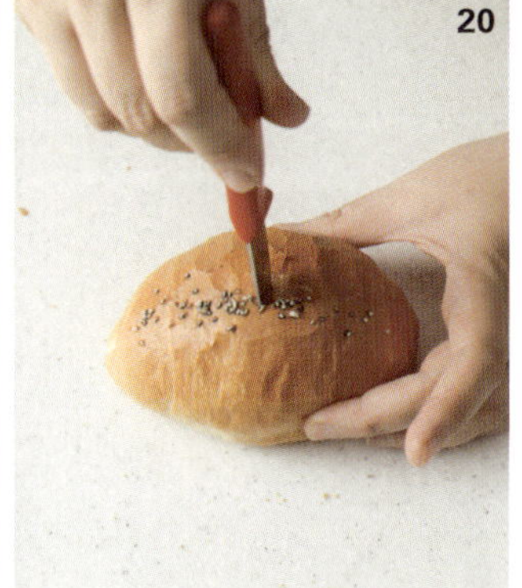

STEP 07 •
굽기

18 분무기를 이용해 반죽 표면에 물(분량 외)을 뿌린 뒤, 소금을 조금씩 올린다.

19 데크 오븐은 윗불 225℃ 아랫불 180℃로 예열해 스팀을 넣은 다음 15~18분간 굽는다.
컨벡션 오븐은 220℃로 예열해 스팀을 넣은 다음 190℃로 낮춰 15분 동안 굽는다.
tip 오븐마다 성능이 다르므로 굽는 시간과 온도는 각자의 상황에 맞도록 조절한다.

STEP 08 •
마무리

20 구운 소금빵을 식히고 윗면 중앙에 칼이나 가위 등을 이용해 구멍을 낸다.

21 구멍 안으로 바닐라 크림 40g을 짠다.

22 냉장고에 넣어 차갑게 보관한 뒤 판매한다. OPP필름 등을 작게 잘라 구멍 위에 붙이면
크림이 마르는 것을 방지할 수 있다.

COMMENT ▼ 셰프의 코멘트

달콤한 크림과 짭짤한 빵의 만남은 무조건 성공할 것이라 생각했습니다. 그냥 생크림보다는
바닐라 빈을 넣어 바닐라 향 풍부한 크림을 만들면 더욱 좋겠다 여겼지요. 특히 소금빵 바닥의
바삭한 부분과 크림을 함께 먹을 때 가장 환상적이랍니다! 얼려 먹는 것도 추천 드려요. 생크림이
순식간에 바닐라 아이스크림으로 변해서 또 다른 매력을 만든답니다.

EARL GREY CREAM SALT BREAD

얼그레이 크림 소금빵

생크림 소금빵의 인기가 만든 후속작입니다.
또 어떤 크림이 잘 어울릴까 고민하다 은은한 밀크티
같은 홍차 향이 잘 어울리겠다 싶어 만들었지요.
짠맛과 달콤함에 은은한 향까지 삼위일체입니다.

가을　단짠　디저트

INGREDIENT STORY

얼그레이 티백

얼그레이는 홍차의 일종으로 찻잎을 발효시킨 다음 베르가모트 오일을 가미해서 제조하는 가향차입니다. 베르가모트 오일은 시칠리아 섬에서 재배되는 베르가모트 오렌지의 껍질을 압착해 만드는 오일로, 은은한 향이 매력적입니다. 화장품이나 향수에도 다양하게 활용되지요. 얼그레이 찻잎을 작게 분쇄해 티백에 담은 얼그레이 티백을 사용하면 편리합니다. 생크림과 섞어 엑기스를 낼 때도 일반 찻잎보다 우러나는 속도가 빠르다는 장점이 있습니다. 얼그레이 향이 별로라면 다른 종류의 홍차로 바꿔 사용해도 좋습니다.

재료			30개 분량(g)
본 반죽	강력분		600
	중력분		400
	설탕		40
	소금		16
	세미 드라이이스트 레드		15
	버터		40
	차가운 물		550
	차가운 우유		150
	합계		**1,811**
성형 재료	가염 버터		300
토핑	굵은 소금		적당량
마무리	얼그레이 크림	동물성 생크림	600
		식물성 생크림	300
		설탕	120
		얼그레이 원액 *	250
	얼그레이 원액 *	얼그레이 티백	3개
		동물성 생크림	150
		식물성 생크림	50
		설탕	50

TIMETABLE ▼

준비 얼그레이 원액, 가염 버터

- 10~12분 **반죽**
  26~27℃
- 50분 **1차 발효**
  실온(24~25℃)
- 10~20분 **분할 및 중간 발효**
  60g
- 30분 **중간 성형 및 냉장 휴지**
  길이 15cm
- **성형 ← 가염 버터**
  소금빵 모양
- 90분 **2차 발효**
  온도 30℃, 습도 80%
- 15~18분 **굽기 ← 물, 소금**
  [데크 오븐] 225℃/180℃ 스팀+ 15~18분
  [컨벡션 오븐] 220℃ 스팀+ → 190℃ 15분
- **마무리** 얼그레이 크림

PREPARATION ▼ 얼그레이 원액 만들기

1
두 종류의
생크림에 설탕을
넣고 잘 섞는다.

2
얼그레이 티백을
뜯어 찻잎을 쏟아
넣고 가볍게 섞은
다음 살짝 데워
얼그레이의 향을
우린다.

3
냉장고에 넣고
하루 정도 차갑게
냉침한다.
tip 시간이 없다면
최소 1시간 이상
냉침하도록 한다.

DIRECTIONS ▼

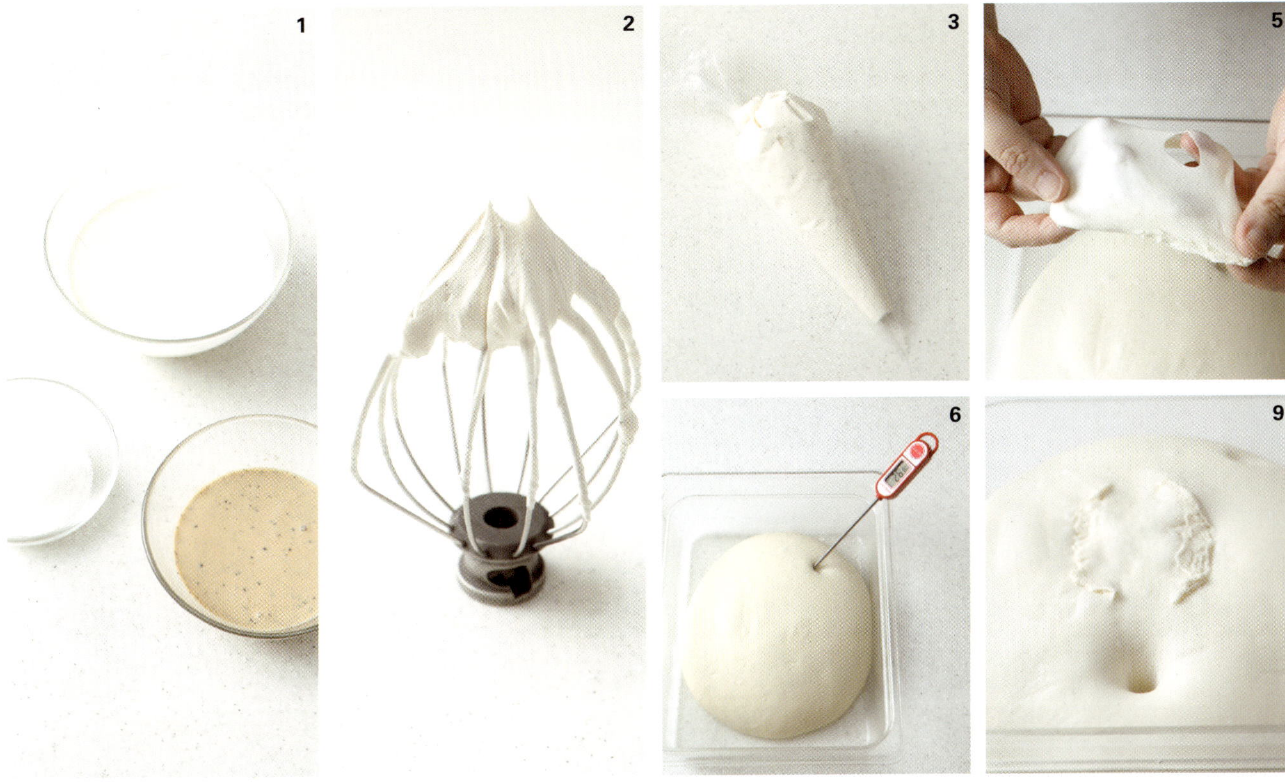

STEP 01 •
얼그레이 크림

1 차가운 상태의 얼그레이 원액을 체에 걸러 생크림 두 종류와 함께 섞는다.
2 설탕을 넣고 휘핑해 매우 단단한 크림을 만든다.
3 짤주머니에 담아 냉장고에 보관한다.

STEP 02 •
반죽

4 본 반죽의 모든 재료를 믹서볼에 넣고 저속에서 3분간 반죽한다.
5 중속으로 속도를 올리고 7~9분 동안 반죽해 유연하게 늘어나는 매끄럽고 부드러운 반죽을 만든다.
6 온도계를 반죽의 중심에 꽂아 온도를 확인한다. ▶ 반죽 온도 26~27℃

STEP 03 •
1차 발효

7 적당한 크기의 통에 담아 24~25℃의 실온에서 50분 동안 발효시킨다.
8 반죽이 2배 크기로 부풀면 밀가루를 묻힌 손가락을 찔러 넣어 핑거 테스트를 실시한다.
9 찌른 구멍이 수축되지 않고 그대로 유지되면 적당히 발효된 것이니 발효를 마무리한다.
tip 발효 시간과 온도는 반죽의 상태나 주변 환경에 따라 달라질 수 있다.

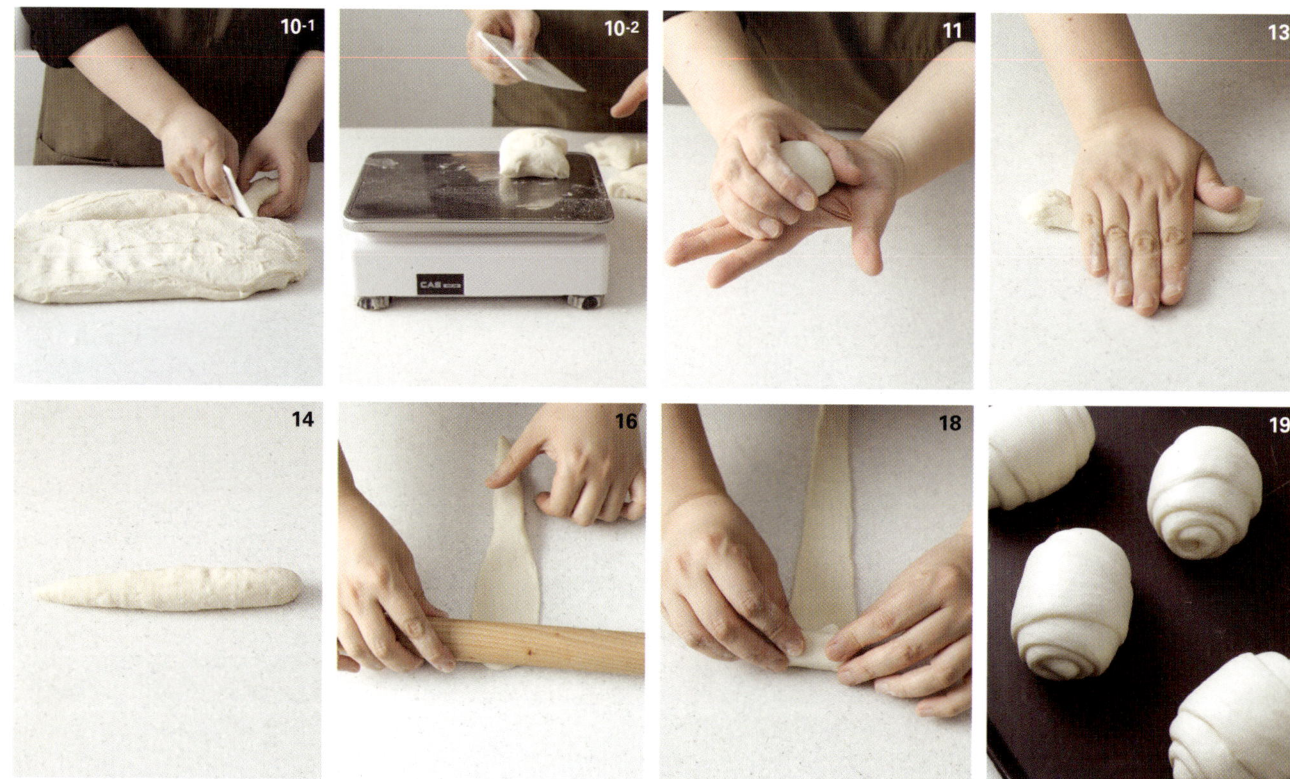

STEP 04 •
분할 및 중간 발효
& 중간 성형 및
냉장 휴지

10 완성된 반죽을 60g씩 분할한다.

11 반죽을 접은 다음 손바닥으로 눌러 가스를 뺀 뒤 둥글리기한다.

12 발효통에 넣고 뚜껑을 덮은 다음 실온에서 10~20분 동안 휴지시킨다.

13 반죽을 다시 한번 손바닥으로 눌러 가스를 뺀다.

14 손바닥으로 누르며 15㎝ 길이의 긴 미꾸라지 모양으로 중간 성형한다.

15 다시 발효통에 넣고 냉장고에서 30분간 차갑게 냉장 휴지시킨다.

STEP 05 •
성형

16 밀대를 이용해 반죽을 폭 4㎝, 길이 40㎝의 긴 역삼각형 모양으로 늘인다.
tip 밀대를 잡지 않은 손으로 반죽을 잡아 당기며 늘인다.

17 삼각형의 밑변 부분에 4㎝ 길이의 가염 버터(10g)를 한 조각 올린다.

18 위쪽부터 돌돌 말아 소금빵 모양으로 성형한다.

STEP 06 •
2차 발효

19 성형한 빵을 오븐 팬에 적당한 간격을 두고 가지런히 올린다.

20 온도 30℃, 습도 80%의 발효기에 넣고 1시간 30분 동안 충분히 발효시킨다.
tip 발효 시간보다는 반죽의 상태를 보며 진행한다.

---

21 분무기를 이용해 반죽 표면에 물(분량 외)을 뿌린 뒤, 소금을 조금씩 올린다.

22 데크 오븐은 윗불 225℃ 아랫불 180℃로 예열해 스팀을 넣은 다음 15~18분간 굽는다.
컨벡션 오븐은 220℃로 예열해 스팀을 넣은 다음 190℃로 낮춰 15분 동안 굽는다.
tip 오븐마다 성능이 다르므로 굽는 시간과 온도는 각자의 상황에 맞도록 조절한다.

---

23 구운 소금빵을 식히고 윗면 중앙에 칼이나 가위 등을 이용해 구멍을 낸다.

24 구멍 안으로 얼그레이 크림 40g을 짠다.

25 냉장고에 넣어 차갑게 보관한 뒤 판매한다. OPP필름 등을 작게 잘라 구멍 위에 붙이면
크림이 마르는 것을 방지할 수 있다.

COMMENT ▼ 셰프의 코멘트

생크림에 얼그레이 티백을 진하게 우려 밀크 티를 만들고, 부드러운 생크림을 섞어 얼그레이 향이
은은하게 퍼지는 얼그레이 크림을 만들었답니다. 소금빵의 짠맛, 크림의 달콤함, 그리고 향긋한
얼그레이 향이 어우러져 하루의 여유로운 티타임을 연상하게 하는 특별한 맛이 되었습니다.

SALT BREAD 6

소프트 소금빵

부드럽고 쫀득한 맛을 추구하고자 반죽에 타피오카 전분, 물엿, 달걀을 추가해 만든 또 다른 느낌의 소금빵입니다. 하드 타입의 강렬함 대신 누구나 편안히 즐길 수 있는 매력이 있지요.

INGREDIENT STORY

타피오카 전분

버블티 속 동글동글하고 쫀득한 알갱이의 재료로 익숙한 타피오카 전분은 최근 사용이 늘어나는 식재료 중 하나입니다. 타피오카 전분은 카사바라는 열대 나무의 뿌리에서 채취한 녹말 성분이지요. 전통적으로 동남아시아 요리에 쓰이던 재료가 유럽이나 미국으로 건너가 베이킹, 디저트, 소스 혹은 글루텐프리 재료로 활용되고 있습니다. 타피오카 전분을 빵에 사용하면 빵에 쫀득한 식감을 낼 수 있습니다. 없을 경우에는 감자 전분으로 대체하면 됩니다. 단, 종류를 불문하고 전분에는 글루텐이 없기 때문에 너무 많은 양을 넣으면 빵 반죽이 제대로 만들어지지 않을 가능성이 있으니 소량씩 첨가하며 테스트 해 양을 조절하는 것이 좋습니다.

	재료	28개 분량(g)
본 반죽	강력분	750
	타피오카 전분	250
	설탕	90
	물엿	40
	소금	18
	세미 드라이이스트 골드	15
	물	150
	우유	300
	달걀	190
	버터	170
	합계	**1,973**
성형 재료	가염 버터	280
토핑	굵은 소금	적당량

PREPARATION ▼

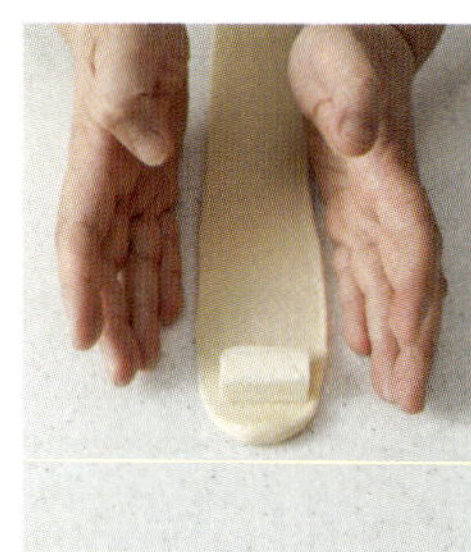

미리 준비하기

가염 버터는 길이 4㎝(10g)로
잘라 준비한다.

TIMETABLE ▼

준비 가염 버터

10~12분 — **반죽**
26~27℃

1시간 — **1차 발효**
실온(24~25℃)

10~20분 — **분할 및 중간 발효**
70g

30분 — **중간 성형 및 냉장 휴지**
길이 15㎝

성형 ← 가염 버터
소금빵 모양

13~15분 — **2차 발효**
온도 30℃, 습도 80%

20분 — **굽기 ← 물, 소금**
[데크 오븐] 210℃/170℃ 스팀+ 13분
[컨벡션 오븐] 200℃ 스팀+ → 165℃ 13~15분

마무리

DIRECTIONS ▼

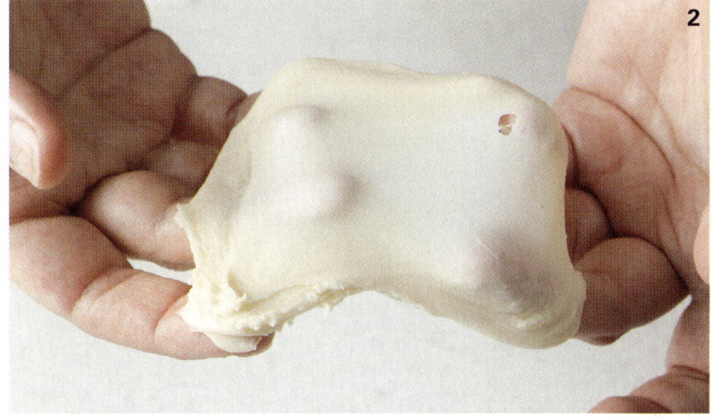

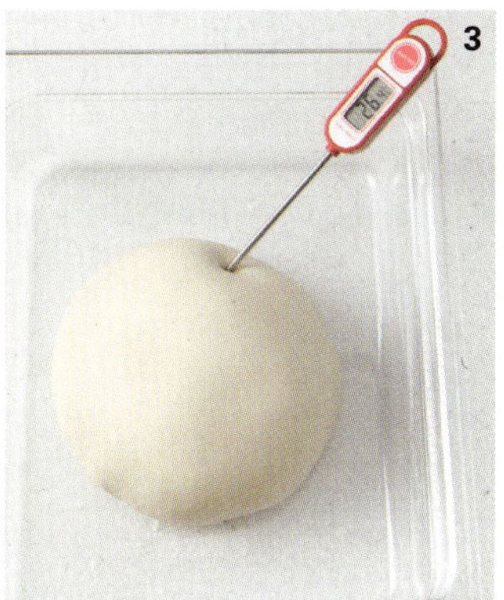

STEP 01 •
반죽

1 본 반죽의 모든 재료를 믹서볼에 넣고 저속에서 3분간 반죽한다.

2 중속으로 속도를 올리고 7~9분 동안 반죽해 유연하게 늘어나는 매끄럽고 부드러운 반죽을 만든다.

3 온도계를 반죽의 중심에 꽂아 온도를 확인한다. ▶ 반죽 온도 26~27℃

STEP 02 •
1차 발효

4 적당한 크기의 통에 담아 24~25℃의 실온에서 1시간 동안 발효시킨다.

5 반죽이 2배 크기로 부풀면 밀가루를 묻힌 손가락을 찔러 넣어 핑거 테스트를 실시한다.

6 찌른 구멍이 수축되지 않고 그대로 유지되면 적당히 발효된 것이니 발효를 마무리한다.

   tip 발효 시간과 온도는 반죽의 상태나 주변 환경에 따라 달라질 수 있다.

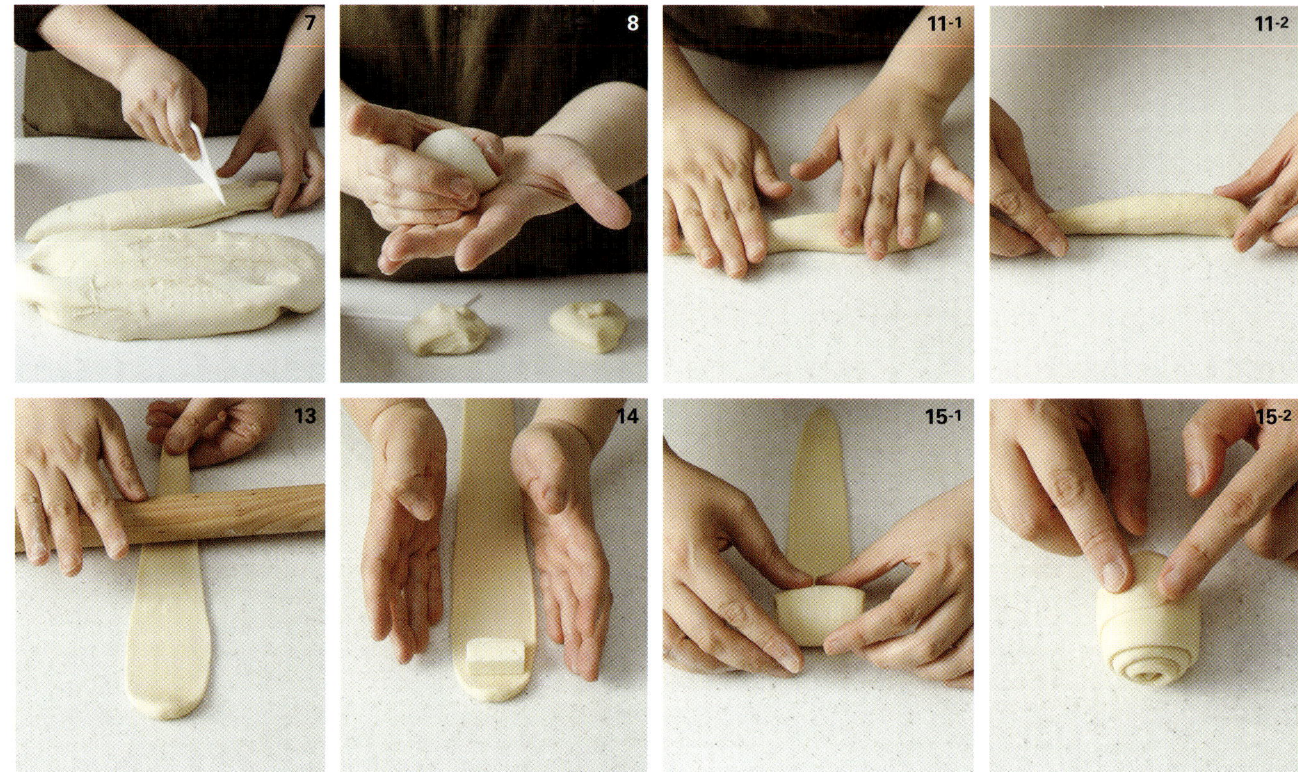

STEP 03 •
분할 및 중간 발효
& 중간 성형 및
냉장 휴지

7 완성된 반죽을 70g씩 분할한다.

8 반죽을 접은 다음 손바닥으로 눌러 가스를 뺀 뒤 둥글리기한다.

9 발효통에 넣고 뚜껑을 덮은 다음 실온에서 10~20분 동안 휴지시킨다.

10 반죽을 다시 한번 손바닥으로 눌러 가스를 뺀다.

11 손바닥으로 누르며 15㎝ 길이의 긴 미꾸라지 모양으로 중간 성형한다.

12 다시 발효통에 넣고 냉장고에서 30분간 차갑게 냉장 휴지시킨다.

STEP 04 •
성형

13 밀대를 이용해 반죽을 폭 4㎝, 길이 40㎝의 긴 역삼각형 모양으로 늘인다.
   tip 밀대를 잡지 않은 손으로 반죽을 잡아 당기며 늘인다.

14 삼각형의 밑변 부분에 4㎝ 길이의 가염 버터(10g)를 한 조각 올린다.

15 위쪽부터 돌돌 말아 소금빵 모양으로 성형한다.

STEP 05 •
2차 발효

16 성형한 빵을 오븐 팬에 적당한 간격을 두고 가지런히 올린다.

17 온도 30℃, 습도 80%의 발효기에 넣고 1시간 30분 동안 충분히 발효시킨다.

   tip 발효 시간보다는 반죽의 상태를 보며 진행한다.

STEP 06 •
굽기

18 분무기를 이용해 반죽 표면에 물(분량 외)을 뿌린 뒤, 소금을 조금씩 올린다.

19 데크 오븐은 윗불 210℃ 아랫불 170℃에서 스팀을 넣고 약 13분간 굽는다. 컨벡션 오븐은 200℃로
예열해 스팀을 넣은 다음 165℃로 낮춰 13~15분 동안 굽는다.

   tip 오븐마다 성능이 다르므로 굽는 시간과 온도는 각자의 상황에 맞도록 조절한다.

COMMENT ▼ 셰프의 코멘트

오후의빵집을 대표하는 소금빵은 겉바속촉한 하드 소금빵이지만, 부드러운 소금빵만의 매력도
충분히 잘 알고 있답니다. 우리만의 소프트 소금빵을 열심히 연구한 결과, 껍질은 얇고 속살은
솜처럼 부드러우며 쫀득하면서도 폭신한 식감의 소금빵이 탄생했죠!

CONDENSED MILK CREAM &WALNUT SALT BREAD

연유 크림 호두 소금빵

소금빵 메뉴를 더 늘리고 싶어 개발한 메뉴입니다.
달콤하면서도 고소한 풍미를 내기 위해 연유와 호두를
골랐죠. 소금의 짠맛과 버터의 풍미가 두 재료를 감싸
다양한 매력을 느낄 수 있는 메뉴입니다.

초봄 달콤함 고소함

— **INGREDIENT STORY** —

연유

연유는 수분을 증발시켜 농축한 우유입니다. 우유에 설탕을 넣고 중약불에서 끓여 만드는데 우유 맛이 아주 강렬하
면서도 달콤한 것이 특징입니다. 연유 특유의 달콤함은 빵과도 잘 어울립니다. 연유로 소스를 만들어 부드러운 빵
위에 적시는 연유빵이나 연유 크림을 넣어 만든 연유 크림빵 등이 매우 인기가 많습니다. 연유는 꼭 냉장고에 보관
해야 하고, 유제품이다 보니 유통 기한을 잘 체크해 사용해야 합니다.

	재료	30개 분량(g)	
본 반죽	강력분	750	
	타피오카 전분	250	
	설탕	90	
	물엿	40	
	소금	18	
	세미 드라이이스트 골드	15	
	물	150	
	우유	300	
	달걀	190	
	버터	170	
충전물	호두 분태	150	
	합계	**2,123**	
성형 재료	가염 버터	300	
토핑	굵은 소금	적당량	
마무리	**연유 크림**	버터	780
		생크림	390
		연유	390

준비 가염 버터, 호두 로스팅

[10~12분] — **반죽 ← 호두 분태**
26~27℃

[1시간] — **1차 발효**
실온(24~25℃)

[10~20분] — **분할 및 중간 발효**
70g

[30분] — **중간 성형 및 냉장 휴지**
길이 15㎝

— **성형 ← 가염 버터**
소금빵 모양

[13~15분] — **2차 발효**
온도 30℃, 습도 80%

[20분] — **굽기 ← 물, 소금**
[데크 오븐] 210℃/170℃ 스팀+ 13분
[컨벡션 오븐] 200℃ 스팀+ → 165℃ 13~15분

마무리 연유 크림

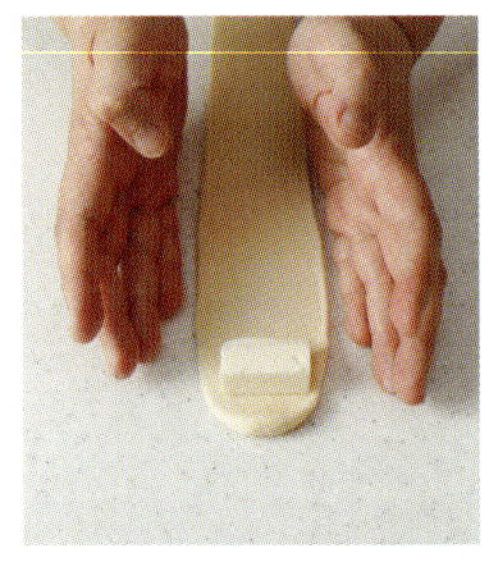

미리 준비하기 ①

가염 버터는 길이 4㎝(10g)로
잘라 준비한다.

미리 준비하기 ②

연유 크림의 버터를
미리 실온에 꺼내
둔다.

미리 준비하기 ③

호두는 180℃ 오븐에서
10~15분 정도 가볍게
로스팅해 식힌다.

DIRECTIONS ▾

STEP 01 •
연유 크림

1 실온에 미리 꺼내 말랑해진 버터를 믹서에 넣고 부드럽게 푼다.

2 생크림과 연유를 섞어 조금씩 버터에 더하며 잘 섞는다.

3 완성된 크림은 모양 깍지를 끼운 짤주머니에 담아 둔다.

STEP 02 •
반죽

4 본 반죽의 모든 재료를 믹서볼에 넣고 저속에서 3분간 반죽한다.

5 중속으로 속도를 올리고 7~9분 동안 반죽해 유연하게 늘어나는 매끄럽고 부드러운 반죽을 만든다.

6 호두 분태를 더하고, 반죽을 잘라 겹치는 것을 반복해 잘 섞이도록 한다.

    tip 믹서를 이용해 저속으로 가볍게 섞어도 좋다.

7 온도계를 반죽의 중심에 꽂아 온도를 확인한다. ▶ 반죽 온도 26~27℃

COMMENT ▾ 셰프의 코멘트

연유는 우유 본연의 깊은 단맛을 부드럽게 담아 내고, 호두는 씹을수록 고소한 풍미를 더해
줍니다. 단순한 조합일 수 있으나 아주 다양한 매력을 가진 소금빵이지요. 테스트하고 최종 제품이
완성되어 맛보았을 때 와! 하고 탄성이 나온 소금빵 중 하나입니다.

8 적당한 크기의 통에 담아 24~25℃의 실온에서 1시간 동안 발효시킨다.

9 반죽이 2배 크기로 부풀면 밀가루를 묻힌 손가락을 찔러 넣어 핑거 테스트를 실시한다.

10 찌른 구멍이 수축되지 않고 그대로 유지되면 적당히 발효된 것이니 발효를 마무리한다.

tip 발효 시간과 온도는 반죽의 상태나 주변 환경에 따라 달라질 수 있다.

11 완성된 반죽을 70g씩 분할한다.

12 반죽을 접은 다음 손바닥으로 눌러 가스를 뺀 뒤 둥글리기한다.

13 발효통에 넣고 뚜껑을 덮은 다음 실온에서 10~20분 동안 휴지시킨다.

14 반죽을 다시 한번 손바닥으로 눌러 가스를 뺀다.

15 손바닥으로 누르며 15㎝ 길이의 긴 미꾸라지 모양으로 중간 성형한다.

16 다시 발효통에 넣고 냉장고에서 30분간 차갑게 냉장 휴지시킨다.

17 밀대를 이용해 반죽을 폭 4㎝, 길이 30㎝의 긴 역삼각형 모양으로 늘인다.

tip 밀대를 잡지 않은 손으로 반죽을 잡아 당기며 늘인다.

tip 충전물이 많기 때문에 무리해서 길게 늘이면 반죽이 찢어질 수 있어 30㎝ 정도로만 늘인다.

18 삼각형의 밑변 부분에 4㎝ 길이의 가염 버터(10g)를 한 조각 올린다.

19 위쪽부터 돌돌 말아 소금빵 모양으로 성형한다.

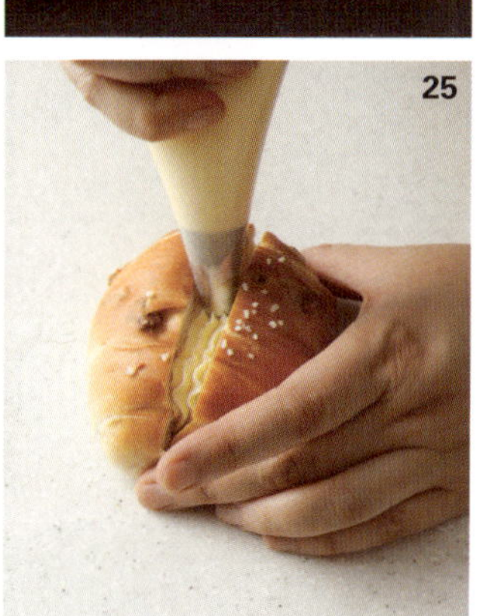

STEP 06 •
2차 발효

20 성형한 빵을 오븐 팬에 적당한 간격을 두고 가지런히 올린다.

21 온도 30℃, 습도 80%의 발효기에 넣고 1시간 30분 동안 충분히 발효시킨다.
tip 발효 시간보다는 반죽의 상태를 보며 진행한다.

STEP 07 •
굽기

22 분무기를 이용해 반죽 표면에 물(분량 외)을 뿌린 뒤, 소금을 조금씩 올린다.

23 데크 오븐은 윗불 210℃ 아랫불 170℃에서 스팀을 넣고 약 13분간 굽는다. 컨벡션 오븐은 200℃로
예열해 스팀을 넣은 다음 165℃로 낮춰 13~15분 동안 굽는다.
tip 오븐마다 성능이 다르므로 굽는 시간과 온도는 각자의 상황에 맞도록 조절한다.

STEP 08 •
마무리

24 완전히 잘리지 않도록 주의하며 완성된 소금빵에 칼집을 깊게 낸다.

25 칼집 안쪽에 연유 크림을 가득 짠다.

26 빵의 윗면에도 동그란 모양으로 짜서 장식한다.

GARLIC BACON SALT BREAD

갈릭 베이컨 소금빵

식사 대용으로 선택할 수 있는 소금빵을 늘리고자
만들었습니다. 베이컨과 크림치즈의 부드러우면서도
강렬한 감칠맛이 마늘 버터의 풍미와 잘 어우러집니다.
아는 맛이 무섭다죠. 무조건 팔리는 메뉴입니다.

가을 감칠맛 한 끼 식사

INGREDIENT STORY

다진 마늘

요리에서 향신료로 주로 사용되는 마늘은 이전부터 빵에도 많이 접목해 사용한 재료입니다. 마늘을 다져 녹인 버터와 섞은 다음 빵에 발라 만드는 마늘빵이 대표적이지요. 통 마늘을 오일에 뭉근히 구워 포카치아의 토핑 재료로 사용해도 아주 맛있습니다. 어디에 어떻게 써도 군침을 자극하는 한국의 시그니처 재료라고 생각합니다. 단, 마늘은 아껴 넣으면 뭔가 부족한 느낌이 들기 일쑤입니다. 한국인이라 어쩔 수 없는 걸까요? 이 제품에도 과감하게 듬뿍 넣었습니다. 마늘은 물에 닿거나 손상되면 곰팡이가 필 수 있으니 수분을 꼼꼼하게 제거한 다음 키친타월에 감싸 냉장 보관하고 되도록 빨리 소진하는 것이 가장 좋습니다. 다진 뒤 소분해 냉동할 수도 있습니다.

INGREDIENTS ▼

	재료		28개 분량(g)
본 반죽	강력분		750
	타피오카 전분		250
	설탕		90
	물엿		40
	소금		18
	세미 드라이이스트 골드		15
	물		150
	우유		300
	달걀		190
	버터		170
	합계		**1,973**
성형 재료	가염 버터		280
토핑	굵은 소금		적당량
마무리	마늘 버터	버터	280
		다진 마늘	84
		설탕	140
		연유	140
		달걀	140
		파슬리 가루	5.6
	베이컨 크림치즈	크림치즈	840
		생크림	112
		설탕	56
		홀그레인 머스터드	42
		베이컨	196

TIMETABLE ▼

준비 버터 녹이기, 베이컨 굽기

10~12분 — **반죽**
26~27℃

1시간 — **1차 발효**
실온(24~25℃)

10~20분 — **분할 및 중간 발효**
70g

30분 — **중간 성형 및 냉장 휴지**
길이 15㎝

성형 ← 가염 버터
소금빵 모양

90분 — **2차 발효**
온도 30℃, 습도 80%

13~15분 — **굽기 ← 물, 소금**
[데크 오븐] 210℃/170℃ 스팀+ 13분
[컨벡션 오븐] 200℃ 스팀+ → 165℃ 13~15분

마무리 마늘 버터, 베이컨 크림치즈 → 170℃ 3~5분

PREPARATION ▼

미리 준비하기 ①

마늘 버터의
버터는 완전히
녹여 둔다.

미리 준비하기 ②

크림치즈는
실온에 두어
말랑하게
만든다.

미리 준비하기 ③

베이컨은
바삭하게 구워
기름을 뺀 다음
다져 둔다.

DIRECTIONS ▼

	STEP 01 ●
	마늘 버터

1 완전히 녹인 버터에 준비한 재료들을 섞어 준비한다.

STEP 02 ●
베이컨 크림치즈

2 말랑해진 크림치즈를 부드럽게 푼 다음 남은 재료를 넣고 잘 섞는다.
3 짤주머니에 담아 준비한다.

STEP 03 ●
반죽

4 본 반죽의 모든 재료를 믹서볼에 넣고 저속에서 3분간 반죽한다.
5 중속으로 속도를 올리고 7~9분 동안 반죽해 유연하게 늘어나는 매끄럽고 부드러운 반죽을 만든다.
6 온도계를 반죽의 중심에 꽂아 온도를 확인한다. ▶ 반죽 온도 26~27℃

STEP 04 ●
1차 발효

7 적당한 크기의 통에 담아 24~25℃의 실온에서 1시간 동안 발효시킨다.
8 반죽이 2배 크기로 부풀면 밀가루를 묻힌 손가락을 찔러 넣어 핑거 테스트를 실시한다.
9 찌른 구멍이 수축되지 않고 그대로 유지되면 적당히 발효된 것이니 발효를 마무리한다.
tip 발효 시간과 온도는 반죽의 상태나 주변 환경에 따라 달라질 수 있다.

STEP 05 • 분할 및 중간 발효 & 중간 성형 및 냉장 휴지	**10** 완성된 반죽을 70g씩 분할한다. **11** 반죽을 접은 다음 손바닥으로 눌러 가스를 뺀 뒤 둥글리기한다. **12** 발효통에 넣고 뚜껑을 덮은 다음 실온에서 10~20분 동안 휴지시킨다. **13** 반죽을 다시 한번 손바닥으로 눌러 가스를 뺀다. **14** 손바닥으로 누르며 15㎝ 길이의 긴 미꾸라지 모양으로 중간 성형한다. **15** 다시 발효통에 넣고 냉장고에서 30분간 차갑게 냉장 휴지시킨다.
STEP 06 • 성형	**16** 밀대를 이용해 반죽을 폭 4㎝, 길이 40㎝의 긴 역삼각형 모양으로 늘인다. **tip** 밀대를 잡지 않은 손으로 반죽을 잡아 당기며 늘인다. **17** 삼각형의 밑변 부분에 4㎝ 길이의 가염 버터(10g)를 한 조각 올린다. **18** 위쪽부터 돌돌 말아 소금빵 모양으로 성형한다.
STEP 07 • 2차 발효	**19** 성형한 빵을 오븐 팬에 적당한 간격을 두고 가지런히 올린다. **20** 온도 30℃, 습도 80%의 발효기에 넣고 1시간 30분 동안 충분히 발효시킨다. **tip** 발효 시간보다는 반죽의 상태를 보며 진행한다.

STEP 08 •
굽기

21 분무기를 이용해 반죽 표면에 물(분량 외)을 뿌린 뒤, 소금을 조금씩 올린다.
22 데크 오븐은 윗불 210℃ 아랫불 170℃에서 스팀을 넣고 약 13분간 굽는다. 컨벡션 오븐은
200℃로 예열해 스팀을 넣은 다음 165℃로 낮춰 13~15분 동안 굽는다.
tip 오븐마다 성능이 다르므로 굽는 시간과 온도는 각자의 상황에 맞도록 조절한다.

STEP 09 •
마무리

23 구운 소금빵에 깊은 칼집을 세 군데 낸다.
24 베이컨 크림치즈를 칼집 사이사이에 짠다.
25 마늘 버터를 소금빵 윗 부분에 꼼꼼하게 바른다.
26 170℃ 오븐에 넣고 3~5분간 구워 노릇하게 만들면 완성.

COMMENT ▼ 셰프의 코멘트

멈출 수 없는 매력의 소금빵을 소개합니다. 재료만 봐도 군침이 도는데요, 한국인이라면 모두 사랑하는
맛! 마늘 향 풍성한 갈릭 베이컨입니다. 누구나 한 번쯤은 맛보았을 정도로 흔한 조합이지만 그만큼
사랑하는 사람들이 많은 맛이지요. 만들면 무조건 인기 만점이 될 베스트 아이템입니다.

MOCHA CREAM SALT BREAD

모카 크림 소금빵

커피에 곁들일 빵을 찾는 손님들을 위해 개발한
메뉴입니다. 빵 안쪽에 크림을 채우고 윗면에 쿠키
반죽을 붙여 구운 것이 특징입니다. 겉은 바삭하고
속은 부드러운 식감의 특별한 제품입니다.

초겨울 　 커피 　 겉바속촉

—— · **INGREDIENT STORY** · ——

커피 엑기스

모카빵에 사용하는 커피 엑기스는 제과 제빵 전용으로 나온 커피 착향료로 아주 진하게 우려진 커피 용액입니다. 정말
진해서 아주 조금만 넣어도 커피 향이 확 느껴지는데, 구워도 그 향이 사라지지 않고 진하게 남는 것이 특징입니다.
주로 크림이나 반죽, 무스, 아이스크림에 커피 향을 첨가하고자 할 때 사용합니다. 커피 엑기스가 없는 경우에는
커피를 진하게 우려 사용할 수도 있지만 그렇게 하면 커피 향이 아주 흐려서 아쉽더라고요. 커피 엑기스는 대체하기가
어려운 재료인 것 같습니다. 소분된 제품도 판매하고 있으니 빵에 커피 향을 가득 담고 싶다면 한번 사용해 보세요.

INGREDIENTS ▼

	재료	28개 분량(g)
본 반죽	강력분	750
	타피오카 전분	250
	설탕	90
	물엿	40
	소금	18
	세미 드라이이스트 골드	15
	물	150
	우유	300
	달걀	190
	버터	170
	합계	**1,973**
성형 재료	가염 버터	280
토핑	**모카 쿠키 반죽** — 버터	240
	커피 엑기스	40
	설탕	200
	달걀	200
	박력분	300
	굵은 소금	적당량
마무리	**모카 크림** — 동물성 생크림	1,000
	설탕	100
	커피 엑기스	80

TIMETABLE ▼

준비 재료 꺼내기, 가염 버터

- **10~12분** — **반죽**
  26~27℃

- **1시간** — **1차 발효**
  실온(24~25℃)

- **10~20분** — **분할 및 중간 발효**
  70g

- **30분** — **중간 성형 및 냉장 휴지**
  길이 15㎝

- **성형 ← 가염 버터**
  소금빵 모양

- **90분** — **2차 발효**
  온도 30℃, 습도 80%

- **13~15분** — **굽기 ← 모카 쿠키 반죽, 소금**
  [데크 오븐] 210℃/170℃ 스팀+ 13분
  [컨벡션 오븐] 200℃ 스팀+ → 165℃ 13~15분

마무리 모카 크림

PREPARATION ▼

미리 준비하기 ①

모카 쿠키 반죽의
버터를 실온에
꺼내 말랑하게
만든다.

미리 준비하기 ②

모카 크림의
재료들도 미리
실온에 꺼내
찬기를 뺀다.

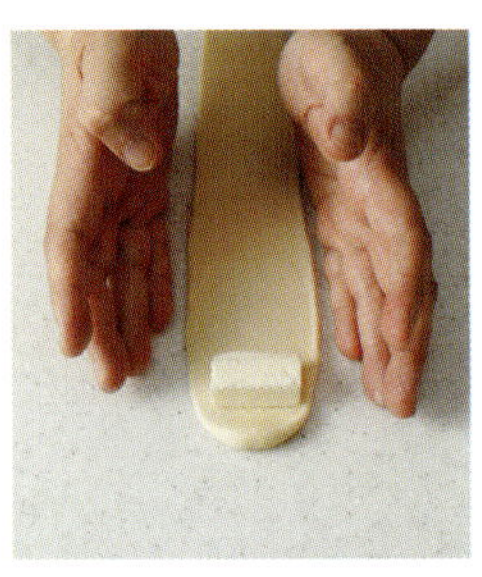

미리 준비하기 ③

가염 버터는
길이 4㎝, 10g으로
잘라 준비한다.

DIRECTIONS ▼

STEP 01 •
모카 쿠키 반죽

1 버터에 커피 엑기스를 넣고 부드럽게 풀며 섞는다.
2 설탕을 넣고 반 정도 녹을 때까지 잘 섞는다.
3 달걀을 천천히 넣으며 섞는다.
4 박력분을 체 쳐 넣고 가루가 보이지 않게끔 잘 섞는다.
5 짤주머니에 담아 둔다.

STEP 02 •
모카 크림

6 모든 재료를 잘 섞어 단단하게 휘핑한다.
7 짤주머니에 담아 냉장고에 넣고 준비한다.

STEP 03 •
반죽

8 본 반죽의 모든 재료를 믹서볼에 넣고 저속에서 3분간 반죽한다.
9 중속으로 속도를 올리고 7~9분 동안 반죽해 유연하게 늘어나는 매끄럽고 부드러운 반죽을 만든다.
10 온도계를 반죽의 중심에 꽂아 온도를 확인한다. ▶ 반죽 온도 26~27℃
11 적당한 크기의 통에 담아 24~25℃의 실온에서 1시간 동안 발효시킨다.

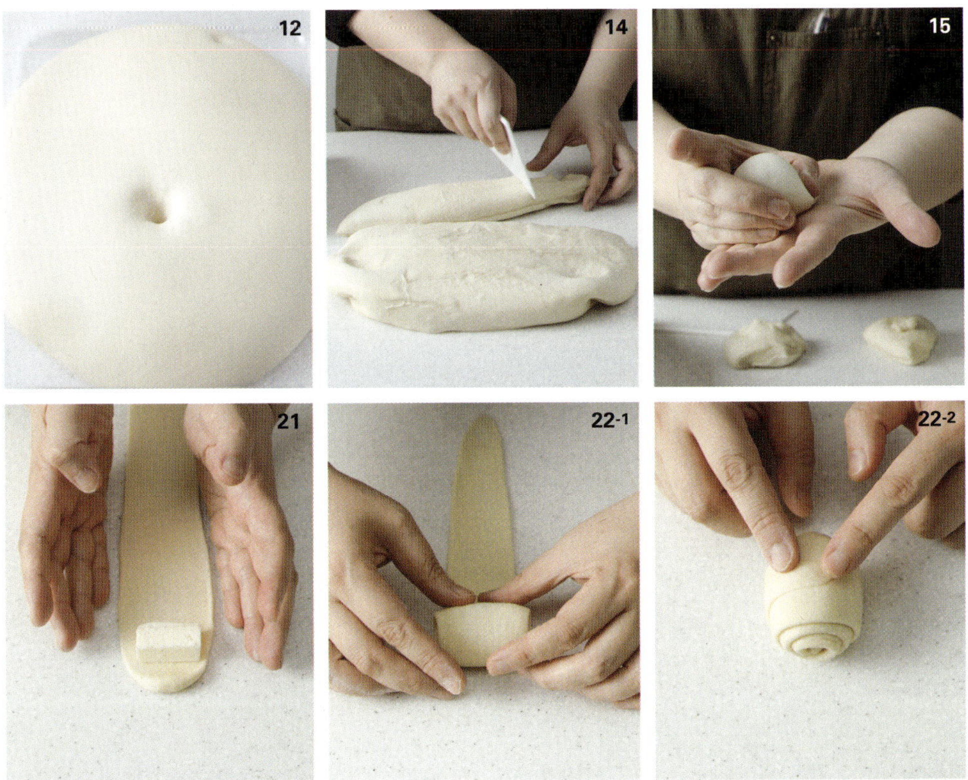

STEP 04 •
1차 발효

12 반죽이 2배 크기로 부풀면 밀가루를 묻힌 손가락을 찔러 넣어 핑거 테스트를 실시한다.
13 찌른 구멍이 수축되지 않고 그대로 유지되면 적당히 발효된 것이니 발효를 마무리한다.
  tip 발효 시간과 온도는 반죽의 상태나 주변 환경에 따라 달라질 수 있다.

STEP 05 •
분할 및 중간 발효
& 중간 성형 및
냉장 휴지

14 완성된 반죽을 70g씩 분할한다.
15 반죽을 접은 다음 손바닥으로 눌러 가스를 뺀 뒤 둥글리기한다.
16 발효통에 넣고 뚜껑을 덮은 다음 실온에서 10~20분 동안 휴지시킨다.
17 반죽을 다시 한번 손바닥으로 눌러 가스를 뺀다.
18 손바닥으로 누르며 15㎝ 길이의 긴 미꾸라지 모양으로 중간 성형한다.
19 다시 발효통에 넣고 냉장고에서 30분간 차갑게 냉장 휴지시킨다.

STEP 06 •
성형

20 밀대를 이용해 반죽을 폭 4㎝, 길이 40㎝의 긴 역삼각형 모양으로 늘인다.
  tip 밀대를 잡지 않은 손으로 반죽을 잡아 당기며 늘인다.
21 삼각형의 밑변 부분에 4㎝ 길이의 가염 버터(10g)를 한 조각 올린다.
22 위쪽부터 돌돌 말아 소금빵 모양으로 성형한다.

23 성형한 빵을 오븐 팬에 적당한 간격을 두고 가지런히 올린다.

24 온도 30℃, 습도 80%의 발효기에 넣고 1시간 30분 동안 충분히 발효시킨다.

tip 발효 시간보다는 반죽의 상태를 보며 진행한다.

25 발효가 끝난 소금빵 위에 모카 쿠키 반죽을 지그재그로 짠 뒤 소금을 약간 뿌린다.

26 데크 오븐은 윗불 210℃ 아랫불 170℃에서 스팀을 넣고 약 13분간 굽는다. 컨벡션 오븐은 200℃로 예열해 스팀을 넣은 다음 165℃로 낮춰 13~15분 동안 굽는다.

tip 오븐마다 성능이 다르므로 굽는 시간과 온도는 각자의 상황에 맞도록 조절한다.

27 완성된 소금빵이 완전히 식으면 빵 아래쪽에 구멍을 낸다.

28 미리 준비한 모카 크림을 빵 안에 40g씩 채워 완성한다.

COMMENT ▼ 셰프의 코멘트

빵 겉면에 모카 쿠키를 짜서 굽고, 진한 커피 엑기스를 더한 크림을 안에 채우니 바삭바삭 달콤하고 커피 향이 가득한 매력적인 제품이 되었습니다. 어른들이 좋아하는 고급스러운 모카 크림 소금빵. 커피와 너무 잘 어울린답니다.

CHOCOLATE SALT BREAD

솔티 초코 소금빵

달콤한 디저트 역할도 할 수 있는 소금빵입니다.
과하지 않은 다크초콜릿의 단맛과 바삭하게 부서지는
소금 입자가 놀라운 시너지를 내지요. 짠맛과 단맛이
공존하는 즐거운 반전의 빵입니다.

초겨울　　단짠　　디저트

다크초콜릿 칩

다크초콜릿은 카카오 함량 70% 이상인 초콜릿으로 당분이 적고 우유 성분은 거의 없는 초콜릿입니다. 맛은 진하고
쌉쌀하기도 합니다. 초콜릿 본연의 풍미가 강한 편이에요. 다른 초콜릿에 비해 단맛이 덜하기 때문에 보통 제빵에서
많이 사용합니다. 물론 초콜릿 칩을 만들 때 설탕이 들어가기 때문에 아예 달지 않을 수는 없지만, 밀크나 화이트초
콜릿보다는 당도가 훨씬 낮습니다. 초콜릿은 항상 서늘한 공간에 보관하시는 것이 좋습니다. 보통 15℃ 정도의
환경에서 보관하는데, 30℃에 가까워지면 녹을 수 있으니 여름철엔 실온보다는 냉장고에서 보관하는 것이 좋습니다.

	재료	28개 분량(g)
본 반죽	강력분	750
	타피오카 전분	250
	설탕	90
	물엿	40
	소금	18
	세미 드라이이스트 골드	15
	물	150
	우유	300
	달걀	190
	버터	170
	합계	**1,973**
성형 재료	가염 버터	280
	다크초콜릿 칩	140
마무리	다크 코팅 초콜릿	적당량
	굵은 소금	적당량

TIMETABLE ▼

준비 가염 버터

[10~12분] **반죽**
26~27℃

[1시간] **1차 발효**
실온(24~25℃)

[10~20분] **분할 및 중간 발효**
70g

[30분] **중간 성형**
길이 15㎝

성형 ← 가염 버터, 다크초콜릿 칩
소금빵 모양

[90분] **2차 발효**
온도 30℃, 습도 80%

[13~15분] **굽기** ← 물
[데크 오븐] 210℃/170℃ 스팀+ 13분
[컨벡션 오븐] 200℃ 스팀+ → 165℃ 13~15분

마무리 다크 코팅 초콜릿, 소금

PREPARATION ▼

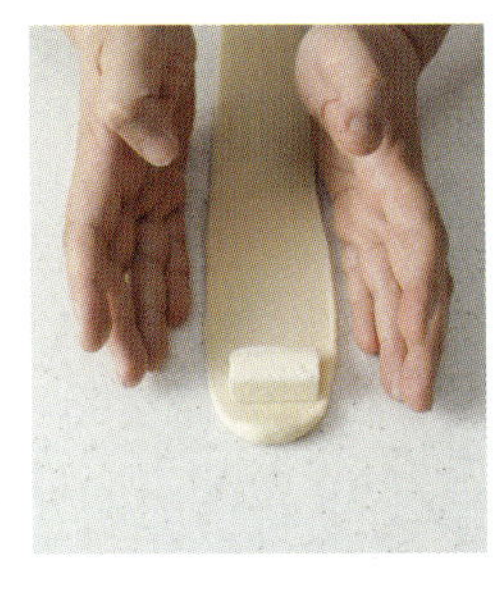

미리 준비하기

가염 버터는 길이 4㎝(10g)로
잘라 준비한다.

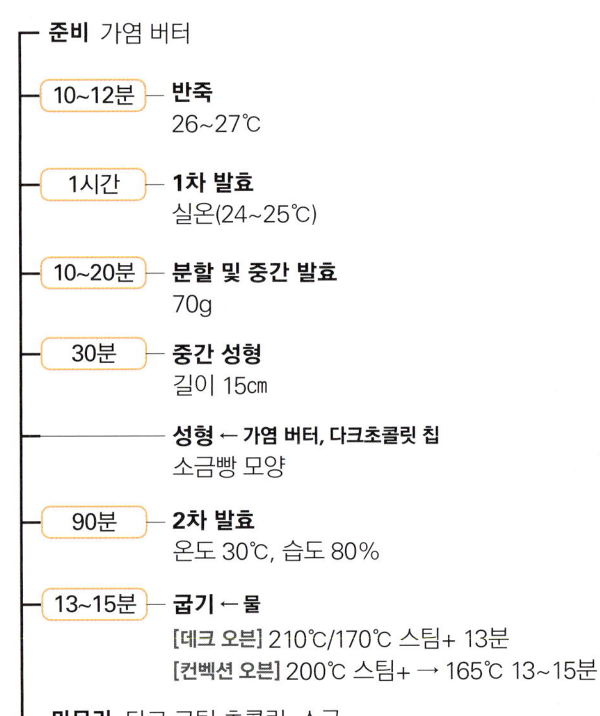

DIRECTIONS ▼

STEP 01 • 반죽	**1** 본 반죽의 모든 재료를 믹서볼에 넣고 저속에서 3분간 반죽한다. **2** 중속으로 속도를 올리고 7~9분 동안 반죽해 유연하게 늘어나는 매끄럽고 부드러운 반죽을 만든다. **3** 온도계를 반죽의 중심에 꽂아 온도를 확인한다. ▶ 반죽 온도 26~27℃

STEP 01 •
반죽

1 본 반죽의 모든 재료를 믹서볼에 넣고 저속에서 3분간 반죽한다.

2 중속으로 속도를 올리고 7~9분 동안 반죽해 유연하게 늘어나는 매끄럽고 부드러운 반죽을 만든다.

3 온도계를 반죽의 중심에 꽂아 온도를 확인한다. ▶ 반죽 온도 26~27℃

STEP 02 •
1차 발효

4 적당한 크기의 통에 담아 24~25℃의 실온에서 1시간 동안 발효시킨다.

5 반죽이 2배 크기로 부풀면 밀가루를 묻힌 손가락을 찔러 넣어 핑거 테스트를 실시한다.

6 찌른 구멍이 수축되지 않고 그대로 유지되면 적당히 발효된 것이니 발효를 마무리한다.

tip 발효 시간과 온도는 반죽의 상태나 주변 환경에 따라 달라질 수 있다.

STEP 03 •
분할 및 중간 발효
& 중간 성형 및
냉장 휴지

7 완성된 반죽을 70g씩 분할한다.

8 반죽을 접은 다음 손바닥으로 눌러 가스를 뺀 뒤 둥글리기한다.

9 발효통에 넣고 뚜껑을 덮은 다음 실온에서 10~20분 동안 휴지시킨다.

10 반죽을 다시 한번 손바닥으로 눌러 가스를 뺀다.

11 손바닥으로 누르며 15㎝ 길이의 긴 미꾸라지 모양으로 중간 성형한다.

12 다시 발효통에 넣고 냉장고에서 30분간 차갑게 냉장 휴지시킨다.

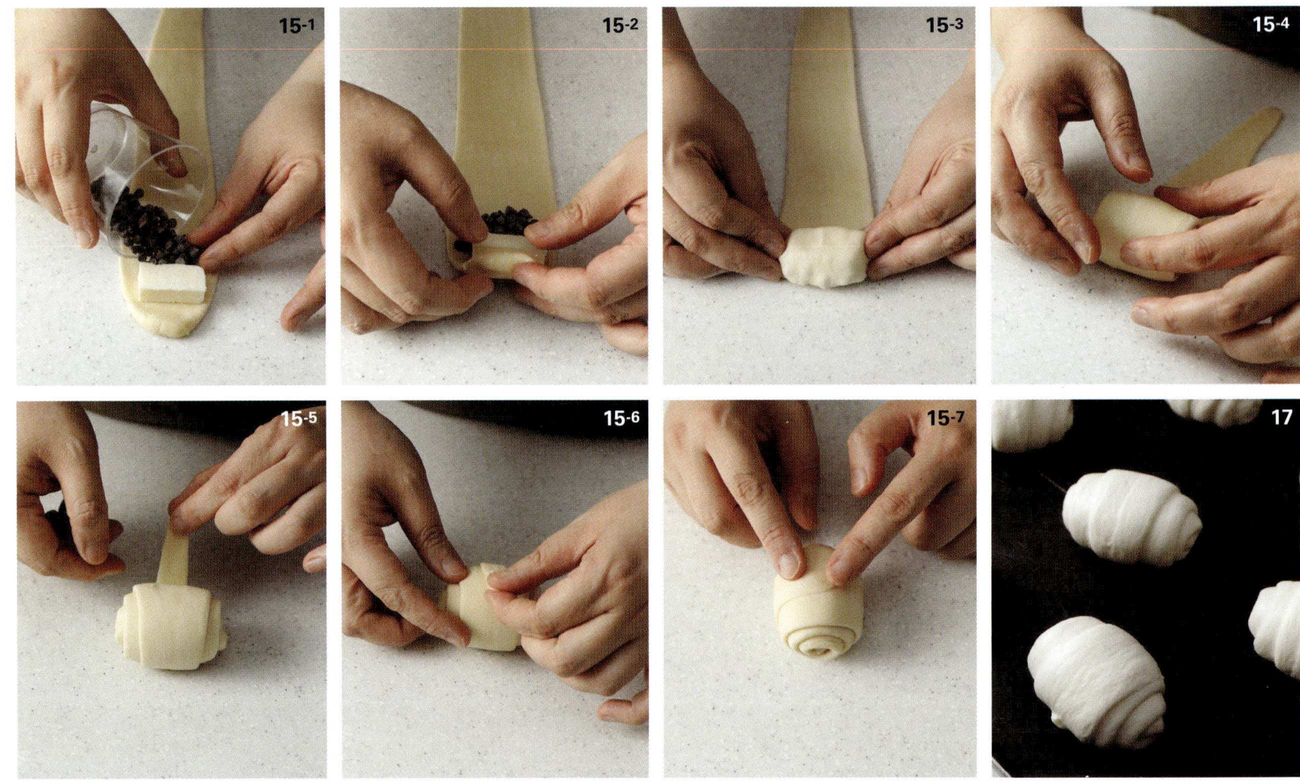

STEP 04 •
성형

13 밀대를 이용해 반죽을 폭 4㎝, 길이 40㎝의 긴 역삼각형 모양으로 늘인다.
　　tip 밀대를 잡지 않은 손으로 반죽을 잡아 당기며 늘인다.

14 삼각형의 밑변 부분에 4㎝ 길이의 가염 버터(10g)를 한 조각 올린다.

15 다크 초콜릿칩을 5g씩 올리고 위쪽부터 돌돌 말아 소금빵 모양으로 성형한다.

STEP 05 •
2차 발효

16 성형한 빵을 오븐 팬에 적당한 간격을 두고 가지런히 올린다.

17 온도 30℃, 습도 80%의 발효기에 넣고 1시간 30분 동안 충분히 발효시킨다.
　　tip 발효 시간보다는 반죽의 상태를 보며 진행한다.

STEP 06
굽기

18 분무기를 이용해 반죽 표면에 물(분량 외)을 뿌린다.

19 데크 오븐은 윗불 210℃ 아랫불 170℃에서 스팀을 넣고 약 13분간 굽는다. 컨벡션 오븐은 200℃로 예열해 스팀을 넣은 다음 165℃로 낮춰 13~15분 동안 굽는다.
tip 오븐마다 성능이 다르므로 굽는 시간과 온도는 각자의 상황에 맞도록 조절한다.

STEP 07
마무리

20 볼에 다크 코팅 초콜릿을 담아 녹인다.

21 완전히 식힌 소금빵의 윗면을 다크 코팅 초콜릿에 담갔다 뺀다.

22 소금을 솔솔 뿌려 완성한다.

COMMENT ▼ 셰프의 코멘트

달콤한 초콜릿과 소금의 조합은 언제나 놀라운 시너지를 냅니다. 솔티 초코! 맛이 상상되는 이름이지요. 성형할 때 다크초콜릿을 반죽에 넣고, 완성된 소금빵 위에 또 한번 다크초콜릿을 코팅한 뒤, 그 위에 하얀 소금을 뿌립니다. 한입 먹을 때마다 짠맛과 단맛이 순식간에 어우러지며 바삭하면서도 부드럽습니다.

HAM &CHEESE SQUID INK SALT BREAD

먹물 햄 치즈 소금빵

더 눈에 띄고 특별한 제품이 필요했습니다. 먹물을
추가해 진한 검정색을 만들고, 햄과 치즈를 함께 넣어
비주얼과 맛 모두를 챙겼죠. 마지막에 뿌리는 에멘탈
치즈가 제품을 마무리하는 핵심이랍니다.

여름 · 한 끼 식사 · 비주얼

INGREDIENT STORY

오징어 먹물

오징어 먹물은 오래 전부터 동서양을 막론하고 요리에 쓰이던 재료입니다. 영양도 풍부하고 풍미도 강해서이지요.
최근 사용되는 시판 오징어 먹물 제품에는 소량의 소금도 포함되어 있어 짭짤한 맛과 함께 바다 향 같은 오징어 먹
물 특유의 향이 납니다. 주로 스페인산 오징어 먹물을 사용하며, 최근에는 요리뿐만 아니라 제빵에도 두루 쓰이고
있습니다. 단지 차이가 있다면 요리와 다르게 향보다는 주로 색을 내기 위해 사용한다는 것입니다. 제빵에서는 밀가
루 대비 2% 정도의 양을 넣어 반죽하면 적당합니다.

	재료	27개 분량(g)
본 반죽	강력분	750
	타피오카 전분	250
	먹물	20
	설탕	90
	물엿	40
	소금	18
	세미 드라이이스트 골드	15
	물	150
	우유	300
	달걀	190
	버터	170
	합계	**1,993**
성형 재료	슬라이스 햄 1/2	27장
	체더 치즈 슬라이스 1/2	27장
	가염 버터	270g
토핑	에멘탈 치즈 슈레드	적당량

TIMETABLE ▼

준비 햄과 치즈 자르기, 가염 버터

- **10~12분** — **반죽**
  26~27℃
- **1시간** — **1차 발효**
  실온(24~25℃)
- **10~20분** — **분할 및 중간 발효**
  70g
- **30분** — **중간 성형 및 냉장 휴지**
  길이 15㎝
- **성형** ← **가염 버터, 햄, 체더 치즈**
  소금빵 모양
- **1시간** — **1차 발효**
  실온(24~25℃)
- **13~15분** — **굽기** ← **물, 에멘탈 치즈**
  [데크 오븐] 210℃/170℃ 스팀+ 13분
  [컨벡션 오븐] 200℃ 스팀+ → 165℃ 13~15분
- **마무리**

PREPARATION ▼

미리 준비하기

① 슬라이스 햄과 체더 치즈는
   2등분한 다음 계량한다.
② 가염 버터는 길이 4㎝(10g)로
   잘라 준비한다.

DIRECTIONS ▼

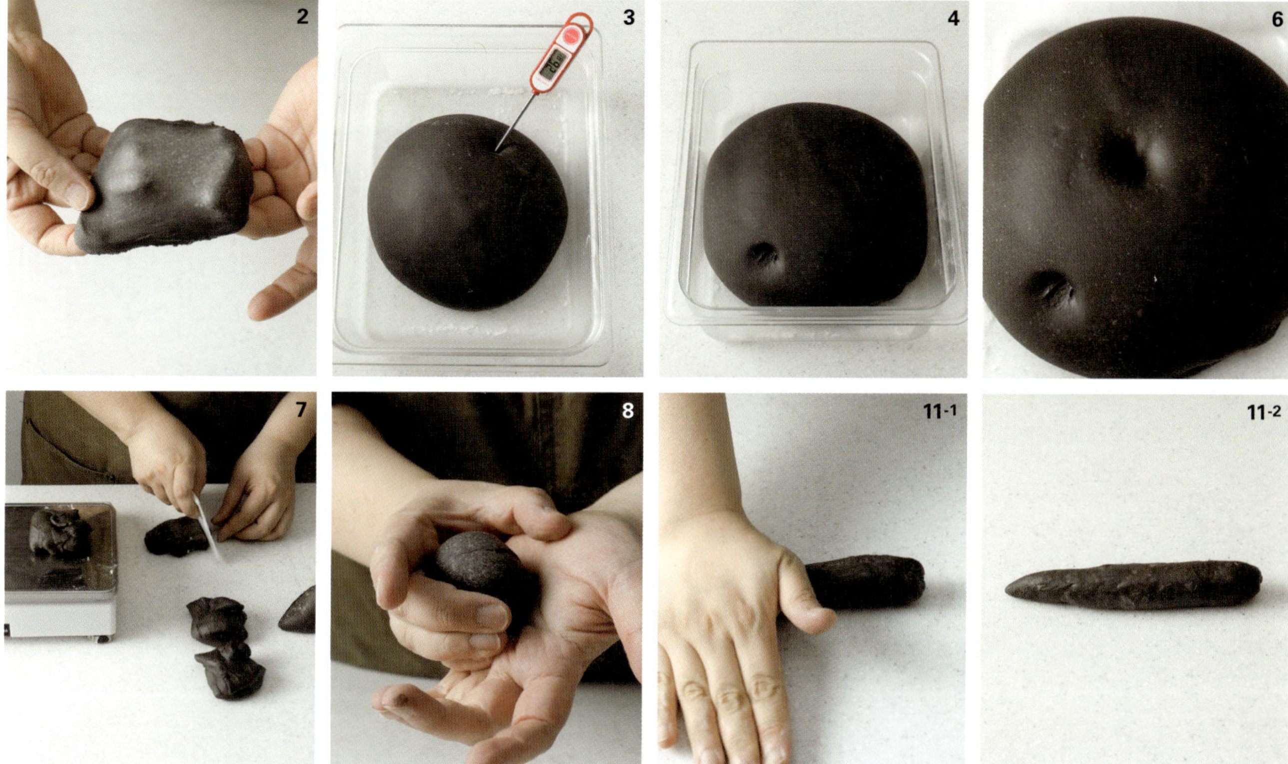

STEP 01 •
반죽

1 본 반죽의 모든 재료를 믹서볼에 넣고 저속에서 3분간 반죽한다.

2 중속으로 속도를 올리고 7~9분 동안 반죽해 유연하게 늘어나는 매끄럽고 부드러운 반죽을 만든다.

3 온도계를 반죽의 중심에 꽂아 온도를 확인한다. ▶ 반죽 온도 26~27℃

STEP 02 •
1차 발효

4 적당한 크기의 통에 담아 24~25℃의 실온에서 1시간 동안 발효시킨다.

5 반죽이 2배 크기로 부풀면 밀가루를 묻힌 손가락을 찔러 넣어 핑거 테스트를 실시한다.

6 찌른 구멍이 수축되지 않고 그대로 유지되면 적당히 발효된 것이니 발효를 마무리한다.

tip 발효 시간과 온도는 반죽의 상태나 주변 환경에 따라 달라질 수 있다.

STEP 03 •
분할 및 중간 발효
& 중간 성형 및
냉장 휴지

7 완성된 반죽을 70g씩 분할한다.

8 반죽을 접은 다음 손바닥으로 눌러 가스를 뺀 뒤 둥글리기한다.

9 발효통에 넣고 뚜껑을 덮은 다음 실온에서 10~20분 동안 휴지시킨다.

10 반죽을 다시 한번 손바닥으로 눌러 가스를 뺀다.

11 손바닥으로 누르며 15㎝ 길이의 긴 미꾸라지 모양으로 중간 성형한다.

12 다시 발효통에 넣고 냉장고에서 30분간 차갑게 냉장 휴지시킨다.

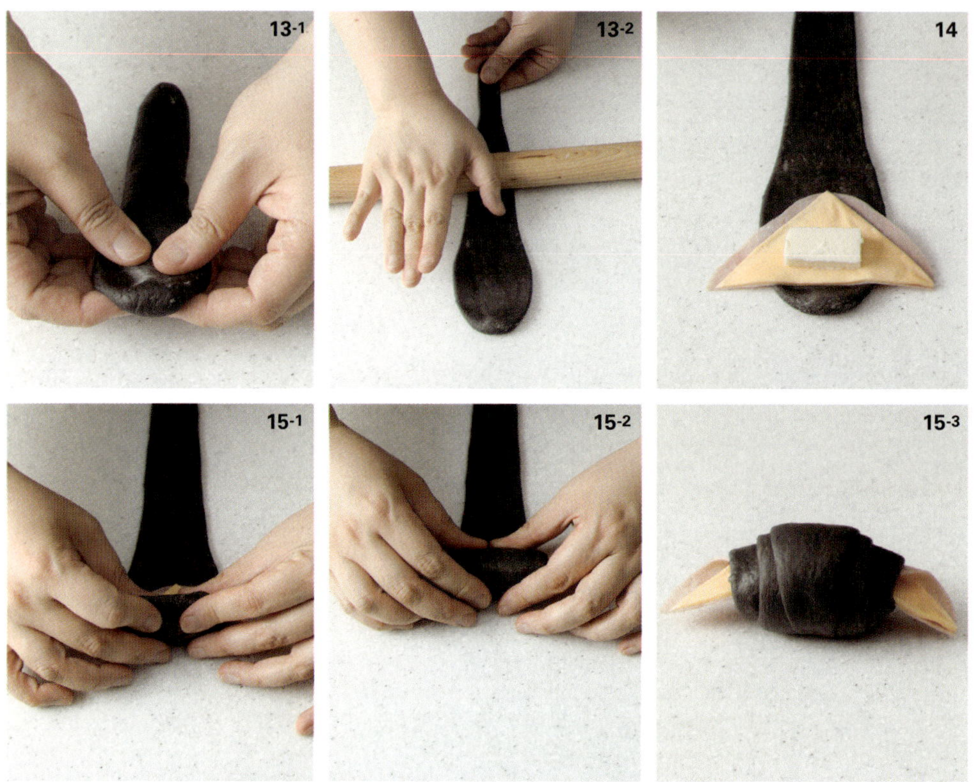

STEP 04 •
성형

13 밀대를 이용해 반죽을 폭 5㎝, 길이 40㎝의 긴 역삼각형 모양으로 늘인다.
   tip 밀대를 잡지 않은 손으로 반죽을 잡아 당기며 늘인다.
14 삼각형의 밑변 부분에 슬라이스 햄, 체더 치즈, 4㎝ 길이의 가염 버터(10g)를 차례대로 올린다.
15 위쪽부터 돌돌 말아 소금빵 모양으로 성형한다.

COMMENT ▼ 셰프의 코멘트

오징어 먹물은 바다의 은은한 향을 머금고 있어 빵에 깊이를 더해 주죠. 여기에 짭조름한 햄과
고소한 체더 치즈를 넣으니 겉은 바삭하고 속은 쫄깃한, 풍성한 맛으로 완성되었습니다. 마지막에
뿌리는 에멘탈 치즈가 정말 중요한데 비주얼과 맛을 마무리하는 특별한 재료랍니다.

STEP 05 •
2차 발효

16 성형한 빵을 오븐 팬에 적당한 간격을 두고 가지런히 올린다.

17 온도 30℃, 습도 80%의 발효기에 넣고 1시간 30분 동안 충분히 발효시킨다.
   tip 발효 시간보다는 반죽의 상태를 보며 진행한다.

STEP 06 •
굽기

18 분무기를 이용해 반죽 표면에 물(분량 외)을 뿌린다.

19 에멘탈 치즈 슈레드를 뿌린다.

20 데크 오븐은 윗불 210℃ 아랫불 170℃에서 스팀을 넣고 약 13분간 굽는다. 컨벡션 오븐은 200℃로
   예열해 스팀을 넣은 다음 165℃로 낮춰 13~15분 동안 굽는다.
   tip 오븐마다 성능이 다르므로 굽는 시간과 온도는 각자의 상황에 맞도록 조절한다.

NEW
PRODUCT
IDEAS 3
치아바타
CIABATTA

SPICE
&CHEESE
&HERB
CIABATTA

스파이스 치즈 허브 치아바타

강렬한 개성이 담긴 치아바타를 만들고 싶었습니다.
그래서 다양한 향신료와 허브, 그리고 치즈를 듬뿍
넣었지요. 반죽에 밴 허브향은 상쾌하고 치즈는
고소한 풍미를 더하는 제품입니다.

여름　　향긋함　　고소함

· INGREDIENT STORY ·

허브

빵에 허브를 넣으면 향과 맛이 더욱 풍부해집니다. 여러 종류의 말린 허브가 섞여 있는 '이탈리안 허브 믹스' 제품을
써도 좋지만, 프레시 허브를 다져서 사용하면 빵에 더 다채로운 풍미를 줄 수 있습니다. 바질은 상큼하면서도 강한
향을 지녔고, 잎이 부드러운 만큼 강한 열이나 냉기에 약한 특징이 있습니다. 로즈메리는 단단한 잎에서 나는 강렬한
향이 특징이지요. 타임은 은은한 타임만의 독특한 향을 가졌습니다. 허브를 사용할 때는 굵은 줄기는 제거하고 잎만
뜯어 작게 다집니다. 보관할 때는 살짝 젖은 키친타월에 씻지 않은 채로 올려 돌돌 말아 너무 차갑지 않은 냉장고에
보관하고 최대한 빨리 사용하는 것이 좋습니다. 다진 허브는 밀봉하여 냉동 보관도 가능합니다.

	재료	12개 분량(g)
본 반죽	강력분	800
	프랑스 밀가루 T55	200
	물①	700
	세미 드라이이스트 레드	6
	소금	19
	묵은 반죽(생략 가능)	200
	물②	100
	올리브오일	50
충전물	바질	1
	로즈메리	1
	타임	1
	통후추	1
	핑크 페퍼	1
	파마산 치즈	50
	에멘탈 치즈	100
	체더 치즈	100
	합계	**2,330**

준비 충전물 준비, 묵은 반죽 준비

10분 — **반죽 ← 충전물**
24~25℃

약 2시간 — **1차 발효**
실온(24~25℃), 펀칭

분할 및 성형
15×9cm, 직사각형

20~50분 — **2차 발효**
실온(24~25℃)

10~15분 — **굽기**
[데크 오븐] 270℃/250℃ 스팀+ 10~12분
[컨벡션 오븐] 260℃ 스팀+ 13~15분

마무리

미리 준비하기①

묵은 반죽이란 1차 발효를
마친 바게트 반죽을
뜻합니다. 묵은 반죽에 대한
자세한 내용은 p.183을
참고해 주세요.

미리 준비하기②

① 바질, 로즈메리, 타임은
   다져 둔다.
② 파마산 치즈, 에멘탈 치즈,
   체더 치즈는 작게 잘라 둔다.

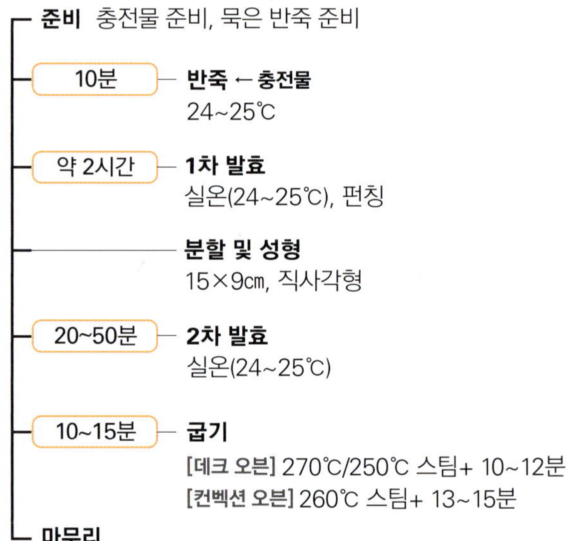

DIRECTIONS ▼

STEP 01 •
반죽

1 믹서볼에 본 반죽의 물②와 올리브오일을 제외한 모든 재료를 넣는다.
2 저속으로 5분간 돌려 가볍게 섞는다.
3 믹서볼의 바닥에 반죽이 들러붙지 않고 잘 떨어질 때까지 약 2분간 믹싱한다.
4 물②를 4~5번에 걸쳐 조금씩 넣고 섞는다.
5 올리브오일도 4~5번에 걸쳐 조금씩 넣고 섞는다.
6 매끈하고 광택이 나는 반죽이 되도록 마무리 믹싱한다.
7 적당한 크기의 통에 올리브오일을 바르고 반죽을 담는다.

COMMENT ▼ 셰프의 코멘트

향긋한 허브와 고소한 치즈에, 살짝 매콤한 통후추와 핑크 페퍼가 어우러져 씹을수록
다채로운 맛이 퍼집니다. 그냥 먹어도 맛있지만 1㎝ 정도의 두께로 잘라 올리브오일을 두른
팬에 노릇하게 구워 먹으면 훨씬 맛있답니다.

STEP 02 •
1차 발효

8 충전물 전체를 넣고 반죽을 접어 가며(폴딩) 골고루 섞는다.
　　tip 깨지거나 상할 수 있는 재료들이 많아 손으로 작업하도록 한다.

9 온도계를 반죽의 중심에 꽂아 온도를 확인한다. ▶ 반죽 온도 24~25℃

10 24~25℃의 실온에서 약 45분 동안 발효시킨 뒤 펀칭하고 다시 1시간~1시간 15분 정도 발효시킨다.
　　tip 발효 시간과 온도는 반죽의 상태나 주변 환경에 따라 달라질 수 있다.
　　tip 24~25℃의 실온에서 약 20~30분 동안 발효시킨 뒤 펀칭하고 다시 2~4℃의 냉장고에서 16~24시간 발효시키는 저온숙성법을 사용할 수도 있다.

STEP 03
분할 및 성형

11 통에서 반죽을 꺼내 뒤집어 놓은 다음 큰 기포를 빼고 3~4㎝ 두께로 도톰하게 만든다.

12 직사각형으로 모양을 다듬은 뒤 15×9㎝ 정도의 크기로 자른다.

13 손바닥으로 두들겨 모양을 다듬은 뒤 캔버스 천 위에 올린다.

STEP 04
2차 발효

14 24~25℃의 실온에서 약 20~50분 정도 발효시킨다. 반죽의 상태를 보며 시간을 조정한다.

STEP 05
굽기

15 반죽을 뒤집어 테플론시트를 깐 나무판 혹은 오븐 팬에 적당한 간격을 두고 올린다.

16 데크 오븐은 나무판을 빼고 테플론시트째로 옮겨 넣은 다음 윗불 270℃ 아랫불 250℃에서
스팀을 넣고 10~12분간 굽는다. 컨벡션 오븐은 260℃로 예열해 스팀을 넣은 다음 오븐 팬째로
넣어 13~15분 동안 굽는다.

tip 오븐마다 성능이 다르므로 굽는 시간과 온도는 각자의 상황에 맞도록 조절한다.

POTATO SAUSAGE FOUGASSE

여름   비주얼   한 끼 식사

감자 소시지 푸가스

푸가스는 나뭇잎 모양을 한 프랑스 전통 빵입니다. 독특한 모양새 덕분에 모두의 이목이 집중되니 매장에 잘 보이게 진열하면 손님들이 많은 관심을 보인답니다.

INGREDIENT STORY

감자

삶아도, 구워도, 튀겨도 맛있는 감자. 감자는 빵과 잘 어울리는 정말 매력적인 재료랍니다. 특히 7~8월 더운 여름에는 포슬포슬한 햇감자가 나옵니다. 이 햇감자는 질도 좋고 가격도 싸니 빵에 활용하기 참 좋습니다. 감자를 삶은 뒤 으깨어 빵 반죽에 넣을 수도 있고, 작게 자르거나 웨지 형태로 잘라 토핑으로 사용하기도 합니다. 치즈나 올리브와도 잘 어울리기 때문에 다양한 재료와 섞어 쓰기도 합니다. 달걀이나 양파 등을 섞은 감자 샐러드 샌드위치는 정말 대중적으로 사랑받는 메뉴이지요. 가격도 저렴하고 활용하기 쉬운데다 지방도 거의 없고 비타민C도 풍부하니 다양하게 응용해 보세요.

	재료	12개 분량(g)
본 반죽	강력분	800
	중력분	200
	삶은 감자	200
	파슬리 가루	2
	물①	650
	세미 드라이이스트 레드	6
	소금	20
	묵은 반죽(생략 가능)	200
	물②	100
	올리브오일	50
충전물	롤 치즈	100
	블랙 올리브 슬라이스	100
	합계	**2,428**
토핑	웨지 감자 — 감자	약 6개
	웨지 감자 — 소금	적당량
	웨지 감자 — 후추	적당량
	웨지 감자 — 올리브오일	적당량
	웨지 감자 — 다진 파슬리	적당량
	소시지	60조각
	블랙 올리브	60알
	에멘탈 치즈 슈레드	적당량

준비 감자 삶기, 웨지 감자 만들기, 묵은 반죽 준비

- **10분** — **반죽 ← 충전물**
  24~25℃
- **45분+1시간** — **1차 발효**
  실온(24~25℃), 펀칭
- **분할 및 중간 성형**
  200g, 이등변 삼각형 모양
- **10~20분** — **중간 발효**
  실온(24~25℃)
- **성형**
  나뭇잎 모양
- **20~30분** — **2차 발효**
  온도 30℃, 습도 80%
- **10~15분** — **굽기 ← 토핑**
  [데크 오븐] 270℃/250℃ 스팀+ 10~12분
  [컨벡션 오븐] 260℃ 스팀+ 13~15분
- **마무리**

미리 준비하기 ①

본 반죽에 들어가는
감자는 삶아서 껍질을
벗긴 뒤 으깨 둔다.

미리 준비하기 ②

토핑용 웨지 감자도
미리 데쳐서 소금, 후추,
올리브오일, 다진 파슬리와
함께 버무려 둔다.

DIRECTIONS ▼

STEP 01 •
반죽

1   믹서볼에 본 반죽의 물②와 올리브오일을 제외한 모든 재료를 넣는다.
2   저속으로 5분간 돌려 가볍게 섞는다.
3   믹서볼의 바닥에 반죽이 들러붙지 않고 잘 떨어질 때까지 약 2분간 믹싱한다.
4   물②를 4~5번에 걸쳐 조금씩 넣고 섞는다.
5   올리브오일도 4~5번에 걸쳐 조금씩 넣고 섞는다.
6   매끈하고 광택이 나는 반죽이 되도록 마무리 믹싱한다.
7   적당한 크기의 통에 올리브오일을 바르고 반죽을 담는다.
8   충전물 전체를 넣고 반죽을 접어 가며(폴딩) 골고루 섞는다.
    tip 깨지거나 상할 수 있는 재료들이 많아 손으로 작업하도록 한다.
9   온도계를 반죽의 중심에 꽂아 온도를 확인한다. ▶ 반죽 온도 24~25℃

STEP 02 •
1차 발효

10 24~25℃의 실온에서 약 45분 동안 발효시킨 뒤 펀칭하고 다시 1시간 발효시킨다.
    tip 발효 시간과 온도는 반죽의 상태나 주변 환경에 따라 달라질 수 있다.
    tip 24~25℃의 실온에서 약 20~30분 동안 발효시킨 뒤 펀칭하고 다시 2~4℃의 냉장고에서
    16~24시간 발효시키는 저온숙성법을 사용할 수도 있다.

STEP 03 •
분할 및 중간 성형
& 중간 발효

11 통에서 반죽을 꺼내 뒤집어 놓은 다음 큰 기포를 빼고 3~4㎝ 두께로 도톰하게 만든다.

12 200g으로 분할한다.

13 손바닥으로 두들겨 큰 기포를 뺀 뒤 반죽을 접어 길쭉한 이등변삼각형 모양으로 성형한다.
tip 기포가 너무 빠지지 않도록 한다.

14 통에 담아 실온에서 10~20분 정도 휴지시킨다.

STEP 04 •
성형

15 덧가루를 뿌리고 손가락으로 꾹꾹 눌러가며 큰 삼각형 모양으로 반죽을 늘린다.

16 테플론시트를 깐 오븐팬 위로 반죽을 옮긴 뒤 스크레이퍼로 나뭇잎 결 모양을 낸다.

17 모양이 잘 보이도록 반죽을 다듬는다.

STEP 05 •
2차 발효

18 30℃의 발효기에 넣어 약 20~30분 정도 발효시킨다. 반죽의 상태를 보며 시간을 조정한다.

STEP 06 •
굽기

19 준비한 웨지 감자를 올린다.

20 소시지를 적당한 크기로 잘라 블랙 올리브와 함께 얹는다.

21 올리브오일을 뿌리고 에멘탈 치즈 슈레드를 뿌린다.

22 데크 오븐은 윗불 270℃ 아랫불 250℃에서 스팀을 넣고 10~12분간 굽는다. 컨벡션 오븐은
260℃로 예열해 스팀을 넣은 다음 13~15분 동안 굽는다.
tip 오븐마다 성능이 다르므로 굽는 시간과 온도는 각자의 상황에 맞도록 조절한다.

COMMENT ▼ 셰프의 코멘트

감자 풍미를 살린 빵을 만들고 싶어 고민하다 만든 제품입니다. 반죽엔 삶은 감자를 듬뿍 넣고,
토핑으로는 웨지 모양으로 자른 감자를 올린 뒤 소시지와 올리브를 곁들여 한층 더 매력을 더했지요.
다른 빵에 비해 두께가 얇기 때문에 껍질이 많고 속살이 적은 특징이 있는데, 반죽 속의 올리브오일
덕분에 껍질의 고소한 매력을 느낄 수 있는 빵이랍니다.

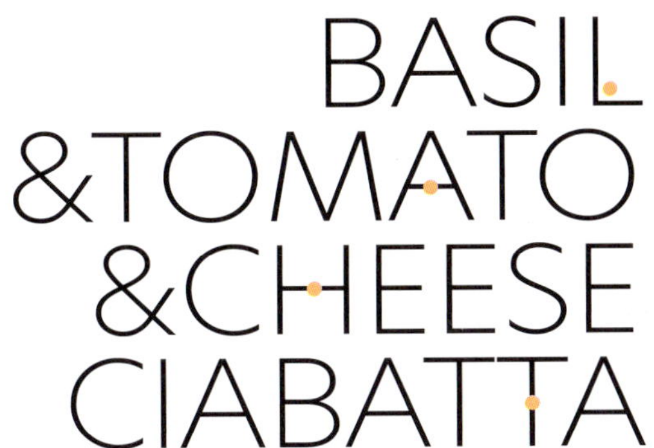

바질 토마토 치즈 치아바타

신선한 바질 페스토와 토마토, 치즈를 조합한
메뉴로 이탈리아를 떠올리게 하는 치아바타입니다.
상큼하면서도 향긋해 여름 계절 메뉴로 안성맞춤이지요.

여름 | 상큼함 | 고소함

━━━━━━━━ ● **INGREDIENT STORY** ● ━━━━━━━━

방울토마토

방울토마토는 일반 토마토보다 작고 단단하기 때문에 빵에 사용하기 편리하며 7~9월이 제철입니다. 이때는 저렴한
가격에 질 좋은 방울토마토를 구할 수 있지요. 꼭지가 푸르고 싱싱하며 선명한 빨간색을 띤 것, 손으로 만졌을 때 너무
물렁하지도 딱딱하지도 않는 것을 고르는 것이 좋습니다. 한편 토마토에 함유된 항산화 물질인 라이코펜은 기름과
함께 섭취할 때 흡수율이 높아집니다. 따라서 토마토에 올리브오일을 뿌리거나 오일에 구워 먹으면 더욱 영양이
풍부해지겠지요.

바질페스토

페스토란 본래 '빻다' 또는 '으깨다'라는 뜻의 이탈리아어입니다. 따라서 바질페스토는 바질과 올리브오일, 잣, 마늘,
파르메산 치즈, 소금 등을 함께 빻아 만드는 소스라고 생각하면 됩니다. 파스타나 샌드위치 또는 피자와 같은 다양
한 음식에 활용할 수 있고, 빵 속 충전물로도 많이 사용하지요. 바질 대신 루콜라나 시금치, 고수, 참나물 등으로도
페스토를 만들 수 있습니다.

	재료	9개 분량(g)
풀리시	중력분	200
	세미 드라이이스트 레드	1
	물	200
본 반죽	강력분	750
	통밀 가루	50
	설탕	40
	물①	500
	세미 드라이이스트 레드	6
	소금	19
	물②	100
	올리브오일	50
	합계	**1,916**
성형 재료	방울토마토	360
	바질페스토	45
	모차렐라 치즈	180
	롤 치즈	90
	체더 치즈	90
토핑	에멘탈 치즈 슈레드	적당량

준비 풀리시, 방울토마토 버무리기

10분 — **반죽 ← 풀리시**
24~25℃

45분+1시간 — **1차 발효**
실온(24~25℃), 펀칭

— **분할 및 성형 ← 방울토마토, 치즈**
200g, 감싸기

20~50분 — **2차 발효**
실온(24~25℃)

10~15분 — **굽기 ← 물, 에멘탈 치즈, 칼집**
[데크 오븐] 270℃/250℃ 스팀+ 10~12분
[컨벡션 오븐] 260℃ 스팀+ 13~15분

마무리

미리 준비하기 ①

p.16을 참고해
풀리시를 만들어
부피가 2배가
될 때까지 발효한다.

미리 준비하기 ②

성형 재료의 방울토마토는
반으로 잘라 바질페스토에
버무려 둔다.

DIRECTIONS ▼

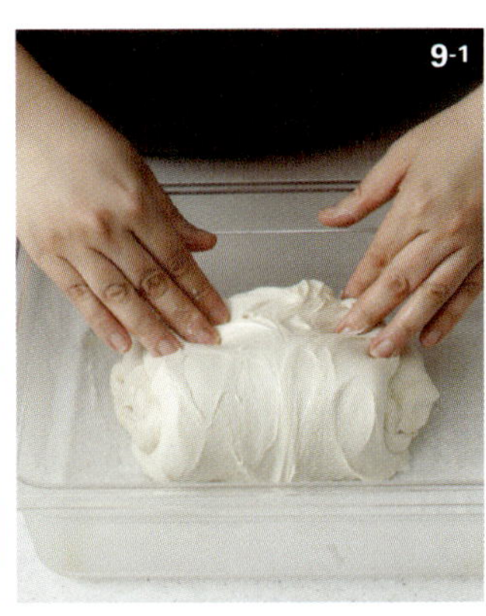

STEP 01 •
반죽

1 믹서볼에 물②와 올리브오일을 제외한 본 반죽의 모든 재료와 발효된 풀리시를 넣는다.
2 저속으로 5분간 돌려 가볍게 섞는다.
3 믹서볼의 바닥에 반죽이 들러붙지 않고 잘 떨어질 때까지 약 2분간 믹싱한다.
4 물②를 4~5번에 걸쳐 조금씩 넣고 섞는다.
5 올리브오일도 4~5번에 걸쳐 조금씩 넣고 섞는다.
6 매끈하고 광택이 나는 반죽이 되도록 마무리 믹싱한다.
7 적당한 크기의 통에 올리브오일을 바르고 반죽을 담는다.
8 온도계를 반죽의 중심에 꽂아 온도를 확인한다. ▶ 반죽 온도 24~25℃

STEP 02 •
1차 발효

9 24~25℃의 실온에서 약 45분 동안 발효시킨 뒤 펀칭하고 다시 1시간 발효시킨다.
　tip 발효 시간과 온도는 반죽의 상태나 주변 환경에 따라 달라질 수 있다.
　tip 24~25℃의 실온에서 약 20~30분 동안 발효시킨 뒤 펀칭하고 다시 2~4℃의 냉장고에서
　16~24시간 발효시키는 저온숙성법을 사용할 수도 있다.

10 통에서 반죽을 꺼내 뒤집어 놓은 다음 큰 기포를 빼고 3~4㎝ 두께로 도톰하게 만든다.

11 200g으로 분할한다.

12 반죽 위에 미리 바질 페스토에 버무린 방울토마토(45g)를 올린다.

13 모차렐라 치즈 20g, 롤 치즈 10g, 체더 치즈 10g을 올린다.

14 반죽의 네 모서리를 가져와 여민 다음 타원형으로 성형한다.

15 캔버스 천 위에 나란히 놓는다.

COMMENT ▼ 셰프의 코멘트

맛의 조합이 상당히 좋은 빵입니다. 토마토의 상큼함, 바질의 향긋함, 치즈의 고소한 감칠맛이
고루 어우러지며 씹을수록 시원한 여름 정원의 풍경이 떠오릅니다. 지난 여름 출시하고
지금까지도 많은 사랑을 받는 빵이에요. 꼭 한번 만들어 보길 강력히 추천합니다.

STEP 04 ·
2차 발효

16 24~25℃의 실온에서 약 20~50분 정도 발효시킨다. 반죽의 상태를 보며 시간을 조정한다.

STEP 05 ·
굽기

17 발효된 반죽을 테플론시트를 깐 나무판 혹은 오븐 팬에 올린 다음 분무기로 물을 가볍게 뿌린다.

18 에멘탈 치즈 슈레드를 고루 올린다.

19 반죽 속 재료가 보이도록 가위로 칼집을 크게 두 번 낸다.

20 데크 오븐은 나무판을 빼고 테플론시트째로 옮겨 넣은 다음 윗불 270℃ 아랫불 250℃에서 스팀을
넣고 10~12분간 굽는다. 컨벡션 오븐은 260℃로 예열해 스팀을 넣은 다음 오븐 팬째로 넣어
13~15분 동안 굽는다.

tip 오븐마다 성능이 다르므로 굽는 시간과 온도는 각자의 상황에 맞도록 조절한다.

ONION CORN CIABATTA TWIST

양파 옥수수 치아바타 트위스트

같은 반죽이라도 모양을 다양하게 바꾸면 손쉽게
새로운 제품을 만들 수 있습니다. 트위스트는 아주 쉽고
완성도를 높일 수 있는 좋은 성형법입니다.

여름 비주얼 식감

● **INGREDIENT STORY** ●

모차렐라 치즈

흔히 피자 치즈로 알려진 모차렐라 치즈는 우리에게 매우 익숙한 재료입니다. 숙성 과정을 거치지 않는 생치즈로,
이탈리아에서는 물소(버팔로) 젖으로 만듭니다. 식감은 매우 부드러우며 신선한 우유 향이 납니다. 생치즈라 맛과
향이 모두 약한 편이지요. 동그랗고 작은 보코치니, 길쭉한 형태의 스트링 치즈, 그리고 잘게 채 썬 슈레드 치즈(피
자 치즈) 등 다양한 형태의 모차렐라 치즈가 있습니다. 오후의빵집에서는 빵의 속재료로 보코치니나 슈레드 치즈를
주로 사용합니다. 또한 모차렐라 치즈는 이탈리아 치즈답게 올리브, 토마토, 허브 등의 재료와 궁합이 정말 좋습니
다. 주욱 늘어나는 부드러운 치즈의 매력에 빠져 보세요.

	재료	12개 분량(g)
풀리시	중력분	200
	세미 드라이이스트 레드	1
	물	200
본 반죽	강력분	750
	타피오카 전분	50
	물①	500
	세미 드라이이스트 레드	6
	소금	19
	물②	100
	올리브오일	50
충전물	롤 치즈	100
	체더 치즈	50
	합계	**2,026**
성형 재료	양파①	150
	스위트 콘	100
	모차렐라 치즈	50
토핑	마요네즈	적당량
	양파②	적당량
	에멘탈 치즈 슈레드	적당량

- **준비** 풀리시, 양파 썰기
- **10분** — **반죽** ← 풀리시, 충전물
  24~25℃
- **45분+1시간** — **1차 발효**
  실온(24~25℃), 펀칭
- **분할 및 성형** ← 성형 재료
  5×20㎝, 꽈배기 모양
- **20~50분** — **2차 발효**
  실온(24~25℃)
- **10~15분** — **굽기** ← 토핑
  [데크 오븐] 270℃/250℃ 스팀+ 10~12분
  [컨벡션 오븐] 260℃ 스팀+ 13~15분
- **마무리**

미리 준비하기 ①

p.16을 참고해
풀리시를 만들어
부피가 2배가 될
때까지 발효한다.

미리 준비하기 ②

성형 재료의 양파①과
토핑용 양파②는 모두
얇게 슬라이스한다.

DIRECTIONS ▼

STEP 01
반죽

1   믹서볼에 물②와 올리브오일을 제외한 본 반죽의 모든 재료와 발효된 풀리시를 넣는다.
2   저속으로 5분간 돌려 가볍게 섞는다.
3   믹서볼의 바닥에 반죽이 들러붙지 않고 잘 떨어질 때까지 약 2분간 믹싱한다.
4   물②를 4~5번에 걸쳐 조금씩 넣고 섞는다.
5   올리브오일도 4~5번에 걸쳐 조금씩 넣고 섞는다.
6   매끈하고 광택이 나는 반죽이 되도록 마무리 믹싱한다.
7   적당한 크기의 통에 올리브오일을 바르고 반죽을 담는다.
8   충전물 전체를 넣고 반죽을 접어 가며(폴딩) 골고루 섞는다.
9   온도계를 반죽의 중심에 꽂아 온도를 확인한다. ▶ 반죽 온도 24~25℃

STEP 02
1차 발효

10   24~25℃의 실온에서 약 45분 동안 발효시킨 뒤 펀칭하고 다시 1시간 발효시킨다.
     tip 발효 시간과 온도는 반죽의 상태나 주변 환경에 따라 달라질 수 있다.
     tip 24~25℃의 실온에서 약 20~30분 동안 발효시킨 뒤 펀칭하고 다시 2~4℃의 냉장고에서
     16~24시간 발효시키는 저온숙성법을 사용할 수도 있다.

11 통에서 반죽을 꺼내 뒤집어 놓은 다음 큰 기포를 빼고 3~4㎝ 두께로 도톰하게 만든다.

12 직사각형으로 모양을 다듬은 뒤 슬라이스한 양파①과 스위트 콘, 모차렐라 치즈를 반죽의 아래쪽에 뿌린다.

13 반죽의 윗부분을 가져와 접는다.

14 스크레이퍼를 이용해 5×20㎝로 재단한다.

15 반죽을 꽈배기처럼 꼬아 캔버스 천 위에 올린다.

COMMENT ▼ 셰프의 코멘트

여름 시즌에 선보였던 제품입니다. 구우면 다섯배는 더 달아지는 양파와 톡톡 씹히는 옥수수를 듬뿍 넣어 자연스러운 달콤함과 동시에 씹는 즐거움도 배가되었지요. 구울 때 나는 향이 정말 좋은 제품입니다. 손님이 있는 시간에 구우면 좋은 어필 효과도 있겠지요?

STEP 04 •
2차 발효

16 24~25℃의 실온에서 약 20~50분 정도 발효시킨다. 반죽의 상태를 보며 시간을 조정한다.

STEP 05 •
굽기

17 발효된 반죽을 테플론시트를 깐 나무판 혹은 오븐 팬 위에 올린 다음 윗면에 마요네즈를 얇게 뿌린다.

18 양파②와 에멘탈 치즈 슈레드를 뿌린다.

19 데크 오븐은 나무판을 빼고 테플론시트째로 옮겨 넣은 다음 윗불 270℃ 아랫불 250℃에서 스팀을 넣고 10~12분간 굽는다. 컨벡션 오븐은 260℃로 예열해 스팀을 넣은 다음 오븐 팬째로 넣어 13~15분 동안 굽는다.

tip 오븐마다 성능이 다르므로 굽는 시간과 온도는 각자의 상황에 맞도록 조절한다.

SPINACH TOMATO CIABATTA TWIST

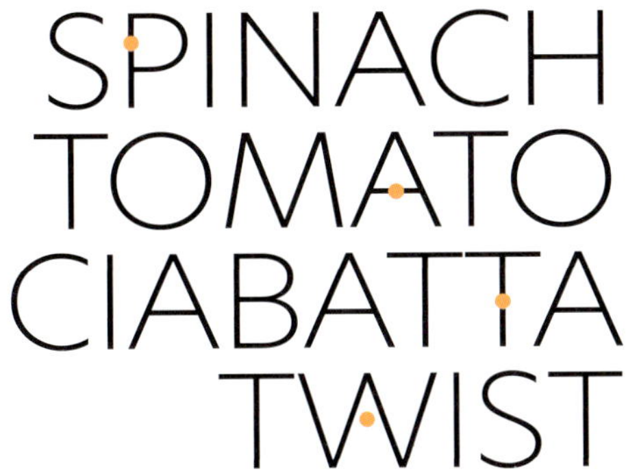

시금치 토마토 치아바타 트위스트

오후의빵집에서 진행하는 제빵클래스에서 수업 복습률 1위를 차지한 영광스러운 제품입니다. 푸릇푸릇 시금치와 붉은 토마토, 노란 치즈가 만나면 색감부터 식욕을 자극하지요. 시각적으로도 영양적으로도 만점인 제품입니다.

초여름   색감   맛의 균형

• INGREDIENT STORY •

시금치

마트에서 쉽게 구할 수 있는 영양 풍부한 채소로, 늦가을에서 늦겨울 사이가 제철입니다. 냉장고에 넣으면 4~5일 정도 신선하게 보관할 수 있지요. 평소 빵에 채소를 접목하는 것을 좋아해 즙을 내서 넣어 보기도 하고, 데쳐서 토핑으로도 사용해 봤습니다. 하지만 생 시금치를 그대로 반죽에 넣어 굽는 것이 가장 작업성이 좋았고, 비주얼이나 맛도 제일이었기에 그대로 자리를 잡은 제품입니다. 물론 식빵이나 베이글 등의 반죽에도 물 대신 시금치 즙을 넣을 수 있습니다. 이 경우 시금치의 초록색이 빵에 그대로 표현되어 건강한 이미지를 전달할 수 있죠. 시금치를 잔뜩 다듬고 있으면 그렇게 많이 넣냐며 모두 놀라곤 하지만, 막상 완성된 빵을 맛보면 시금치를 싫어하시는 분들도 아주 맛있다며 좋아하신답니다. 시금치는 토마토나 치즈는 물론이고 베이컨이나 잠봉 햄과 같은 육가공품과도 궁합이 좋아 활용 범위도 넓습니다. 의외로 빵에 넣었을 때 향이 과하지 않아 잘 어우러지지요. 시금치를 사용할 때는 흙이 남아 있을 수 있으니 꼼꼼히 씻은 후 물기를 완전히 제거해야 합니다. 또한 줄기 부분은 열을 가하면 질겨질 수 있으므로 잎만 떼어 빵에 어울리는 크기로 잘라 사용합니다.

	재료	12개 분량(g)
풀리시	중력분	200
	세미 드라이이스트 레드	1
	물	200
본 반죽	강력분	600
	프랑스 밀가루 T55	150
	통밀 가루	50
	설탕	40
	물①	500
	세미 드라이이스트 레드	6
	소금	19
	물②	100
	올리브오일	50
충전물	시금치①	70
	말린 토마토	200
	합계	**2,186**
성형 재료	시금치②	70
	블랙 올리브 슬라이스	100
	롤 치즈	100

PREPARATION ▼

미리 준비하기 ①

p.16을 참고해
풀리시를 만들어
부피가 2배가 될
때까지 발효한다.

미리 준비하기 ②

충전물의 시금치①과
말린 토마토, 성형
재료의 시금치②는
모두 적당한 크기로
썰어 준비한다.

TIMETABLE ▼

준비 풀리시

10분 — **반죽 ← 충전물**
24~25℃

45분+1시간 — **1차 발효**
실온(24~25℃), 펀칭

분할 및 성형 ← 성형 재료
5×20㎝, 꽈배기 모양

20~50분 — **2차 발효**
실온(24~25℃)

10~15분 — **굽기**
[데크 오븐] 270℃/250℃ 스팀+ 10~12분
[컨벡션 오븐] 260℃ 스팀+ 13~15분

완성

미리 준비하기 ③

블랙 올리브 슬라이스는
체에 받쳐 물기를
빼 둔다.

DIRECTIONS ▼

STEP 01
반죽

1 믹서볼에 물②와 올리브오일을 제외한 본 반죽의 모든 재료와 발효된 풀리시를 넣는다.
2 저속으로 5분간 돌려 가볍게 섞는다.
3 믹서볼의 바닥에 반죽이 들러붙지 않고 잘 떨어질 때까지 약 2분간 믹싱한다.
4 물②를 4~5번에 걸쳐 조금씩 넣고 섞는다.
5 올리브오일도 4~5번에 걸쳐 조금씩 넣고 섞는다.
6 매끈하고 광택이 나는 반죽이 되도록 마무리 믹싱한다.
7 적당한 크기의 통에 올리브오일을 바르고 반죽을 담는다.
8 충전물 전체를 넣고 반죽을 접어 가며(폴딩) 골고루 섞는다.
   tip 깨지거나 상할 수 있는 재료들이 많아 손으로 작업하도록 한다.
9 온도계를 반죽의 중심에 꽂아 온도를 확인한다. ▶ 반죽 온도 24~25℃

STEP 02
1차 발효

10 24~25℃의 실온에서 약 45분 동안 발효시킨 뒤 펀칭하고 다시 1시간 발효시킨다.
   tip 발효 시간과 온도는 반죽의 상태나 주변 환경에 따라 달라질 수 있다.
   tip 24~25℃의 실온에서 약 20~30분 동안 발효시킨 뒤 펀칭하고 다시 2~4℃의 냉장고에서
   16~24시간 발효시키는 저온숙성법을 사용할 수도 있다.

11 통에서 반죽을 꺼내 뒤집어 놓은 다음 큰 기포를 빼고 3~4㎝ 두께로 도톰하게 만든다.

12 직사각형으로 모양을 다듬은 뒤 시금치②와 블랙 올리브 슬라이스, 롤 치즈를 반죽의 아래쪽에
뿌린다.

13 반죽의 윗부분을 가져와 접는다.

14 스크레이퍼를 이용해 5×20㎝로 재단한다.

15 반죽을 꽈배기처럼 꼬아 캔버스 천 위에 올린다.

COMMENT ▼ 셰프의 코멘트

반죽에 재료를 아낌없이 넣고 트위스트 형태로 구웠습니다. 맛 조합이 정말 좋은데
새콤한 토마토, 시금치의 은은한 향, 짭짤한 치즈가 잘 어우러져 먹어 본 사람들 모두
엄지를 척 들어 올린 빵이랍니다.

16 24~25℃의 실온에서 약 20~50분 정도 발효시킨다. 반죽의 상태를 보며 시간을 조정한다.

17 발효된 반죽을 테플론시트를 깐 나무판 혹은 오븐 팬 위에 올린다.

18 데크 오븐은 나무판을 빼고 테플론시트째로 옮겨 넣은 다음 윗불 270℃ 아랫불 250℃에서
스팀을 넣고 10~12분간 굽는다. 컨벡션 오븐은 260℃로 예열해 스팀을 넣은 다음 오븐
팬째로 넣어 13~15분 동안 굽는다.
tip 오븐마다 성능이 다르므로 굽는 시간과 온도는 각자의 상황에 맞도록 조절한다.

PUMPKIN &CHESTNUT &RED BEAN CIABATTA

단호박 밤 팥 치아바타

가을이 느껴지는 재료를 생각하면 언제나 단호박이 먼저 떠오릅니다. 담백한 치아바타에 자연의 달콤한 맛을 담고, 감자 전분을 더해 쫀득한 식감을 냈습니다. 소박하면서도 따뜻하고 정겨운 빵입니다.

가을   쫀득함   담백함

INGREDIENT STORY

단호박

제철인 8~11월의 단호박은 당도가 높고 영양가도 풍부해 가을 신제품 재료로 쓰면 좋습니다. 단호박을 빵에 사용하는 방법은 다양한데, 주로 속살을 삶은 뒤 으깨어 반죽에 섞거나 조각으로 잘라 빵 속에 충전물로 넣습니다. 껍질에도 영양소가 풍부하니 껍질째 사용하는 것이 좋은데, 깨끗하게 씻어 찌거나 전자레인지를 활용해 약간 익힌 뒤 칼로 잘라 조리하는 것이 안전합니다. 단호박은 부드러운 식빵에도 잘 어울리고 캄파뉴와 같은 하드 계열 빵에도 정말 잘 어울리는 재료입니다. 조리한 뒤 소분하여 냉동고에 넣으면 장기간 보관할 수 있습니다.

단팥

적두라고도 부르는 팥은 주로 팥죽이나 떡에 많이 활용하지요. 하지만 달콤하게 조린 팥은 빵에도 정말 잘 어울리는 재료입니다. 주로 앙금으로 만들어 사용하는데 팥을 삶은 뒤 설탕과 물, 약간의 소금을 넣어 조리면 됩니다. 아주 달콤한 팥앙금도 있지만 오후의빵집에서는 당도가 낮은 저당 팥앙금을 구매해 사용합니다. 직접 팥앙금을 만들면 좋지만 손이 많이 가기 때문에 통 팥앙금, 고운 팥앙금 등 다양한 제품과 당도의 기성품을 주로 사용합니다. 단팥은 구매 후 지퍼백에 소분하여 냉동 보관하면 장기간 보관이 가능합니다. 사용할 때는 실온에 10~15분 정도 미리 꺼내두면 자연 해동되어 쉽게 사용할 수 있습니다.

	재료	10개 분량(g)
본 반죽	강력분	700
	중력분	250
	감자 전분	50
	르뱅	300
	물①	650
	세미 드라이이스트 레드	6
	소금	19
	물②	100
	올리브오일	50
	합계	2,125
성형 재료	단호박	400
	당적 밤	300
	저당 단팥	500

- 준비 르뱅 리프레시
- [10분] **반죽**
  24~25℃
- [45분+1시간] **1차 발효**
  실온(24~25℃), 펀칭
- **분할 및 성형** ← **성형 재료**
  200g, 감싸기
- [20~50분] **2차 발효**
  실온(24~25℃)
- [10~15분] **굽기** ← 밀가루, 칼집
  [데크 오븐] 270℃/250℃ 스팀+ 10~12분
  [컨벡션 오븐] 260℃ 스팀+ 13~15분
- 마무리

미리 준비하기

p.14를 참고하여 만든
르뱅을 본 반죽 직전에
1:2:2 비율로 리프레시
하고, 실온에서 2배가
될 때까지 발효시킨다.

DIRECTIONS ▼

STEP 01 •
반죽

1 믹서볼에 본 반죽의 물②와 올리브오일을 제외한 모든 재료를 넣는다.

2 저속으로 5분간 돌려 가볍게 섞는다.

3 믹서볼의 바닥에 반죽이 들러붙지 않고 잘 떨어질 때까지 약 2분간 믹싱한다.

4 물②를 4~5번에 걸쳐 조금씩 넣고 섞는다.

5 올리브오일도 4~5번에 걸쳐 조금씩 넣고 섞는다.

6 매끈하고 광택이 나는 반죽이 되도록 마무리 믹싱한다.

7 온도계를 반죽의 중심에 꽂아 온도를 확인한다. ▶ 반죽 온도 24~25℃

STEP 02 •
1차 발효

8 적당한 크기의 통에 올리브오일을 바르고 반죽을 담는다.

9 24~25℃의 실온에서 약 45분 동안 발효시킨 뒤 펀칭하고 다시 1시간 발효시킨다.

   tip 발효 시간과 온도는 반죽의 상태나 주변 환경에 따라 달라질 수 있다.

   tip 24~25℃의 실온에서 약 20~30분 동안 발효시킨 뒤 펀칭하고 다시 2~4℃의 냉장고에서
16~24시간 발효시키는 저온숙성법을 사용할 수도 있다.

STEP 03 •
분할 및 성형

10 통에서 반죽을 꺼내 뒤집어 놓은 다음 큰 기포를 빼고 3~4㎝ 두께로 도톰하게 만든다.

11 직사각형 모양으로 200g씩 분할한 다음 손바닥으로 두들겨 큰 기포를 뺀다.

12 성형 재료(단호박 40g, 당적 밤 30g, 저당 단팥 50g씩)를 골고루 올린다.

13 반죽을 반으로 접어 꼼꼼하게 여민 다음, 기다란 직사각형 모양으로 다듬는다.

COMMENT ▼ 셰프의 코멘트

가을 한정으로 만들었던 치아바타입니다. 단호박의 포근한 단맛, 밤의 달큰하면서도
고소한 맛, 그리고 팥의 은은한 달콤함이 치아바타의 구수한 풍미와 잘 어울립니다.

STEP 04 •
2차 발효

14 완성된 반죽을 캔버스 천 위에 가지런히 올린다.

15 24~25℃의 실온에서 약 20~50분 정도 발효시킨다. 반죽의 상태를 보며 시간을 조정한다.

STEP 05 •
굽기

16 발효된 반죽을 테플론시트를 깐 나무판 혹은 오븐 팬 위에 올린다.

17 덧가루를 뿌린 뒤 사선으로 깊게 칼집을 낸다.

18 데크 오븐은 나무판을 빼고 테플론시트째로 옮겨 넣은 다음 윗불 270℃ 아랫불 250℃에서
스팀을 넣고 10~12분간 굽는다. 컨벡션 오븐은 260℃로 예열해 스팀을 넣은 다음 오븐
팬째로 넣어 13~15분 동안 굽는다.

tip 오븐마다 성능이 다르므로 굽는 시간과 온도는 각자의 상황에 맞도록 조절한다.

콘 마요 크림치즈 치아바타

옥수수와 마요네즈를 조합해 누구나 좋아하는
친근한 맛입니다. 구수한 치아바타와 잘 어울려
아이들 간식으로 안성맞춤이랍니다.
호불호 없는 제품이니 꼭 만들어 보세요.

초겨울　간식　식감

INGREDIENT STORY

스위트 콘

아주 달콤한 스위트 콘은 우리나라에서는 재배되지 않는 품종의 옥수수입니다. 매우 달고 아삭아삭한 식감이 특징인데, 마트에서 흔히 볼 수 있는 옥수수 통조림이 바로 이것입니다. 스위트 콘은 다양한 요리에 활용되며 빵에도 잘 어울리는 재료 중 하나입니다. 치즈와 섞어 속재료로 사용하거나, 포카치아 등에 토핑 용으로도 자주 쓰이지요. 수분을 날리며 바삭하게 구우면 훨씬 더 맛있답니다. 요즘에는 당도를 줄인 제품도 판매되고 있으니 취향껏 고르면 됩니다.

	재료	14개 분량(g)
본 반죽	강력분	700
	프랑스 밀가루 T55	300
	르뱅	300
	물①	700
	세미 드라이이스트 레드	6
	소금	19
	물②	100
	올리브오일	50
충전물	롤 치즈	100
	블랙 올리브 슬라이스	100
	합계	**2,375**
토핑	크림치즈필링 — 크림치즈	400
	설탕	40
	생크림	40
	홀그레인 머스터드	20
	스위트 콘	적당량
	마요네즈	적당량
	에멘탈 치즈 슈레드	적당량

준비 르뱅 리프레시, 충전물과 토핑 준비

- **10분** — **반죽 ← 충전물**
  24~25℃
- **45분+1시간** — **1차 발효**
  실온(24~25℃), 펀칭
- **분할 및 성형**
  160g, 직사각형
- **30분** — **2차 발효 ← 토핑**
  온도 30℃, 습도 80%
- **10~15분** — **굽기**
  [데크 오븐] 270℃/250℃ 스팀+ 10~12분
  [컨벡션 오븐] 260℃ 스팀+ 13~15분
- **마무리**

미리 준비하기 ①

p.14를 참고하여 만든 르뱅을 본 반죽 직전에 1:2:2 비율로 리프레시하고, 실온에서 2배가 될 때까지 발효시킨다.

미리 준비하기 ②

크림치즈는 미리 실온에 꺼내 말랑하게 만든다.

미리 준비하기 ③

블랙 올리브 슬라이스는 체에 밭쳐 물기를 빼 둔다.

DIRECTIONS ▼

STEP 01 ·
크림치즈 필링

1 크림치즈를 부드럽게 푼 뒤 설탕을 넣고 잘 섞는다.
2 생크림과 홀그레인 머스터드를 넣고 섞는다.
3 짤주머니에 담아 보관한다.

STEP 02 ·
반죽

4 믹서볼에 본 반죽의 물②와 올리브오일을 제외한 모든 재료를 넣는다.
5 저속으로 5분간 돌려 가볍게 섞는다.
6 믹서볼의 바닥에 반죽이 들러붙지 않고 잘 떨어질 때까지 약 2분간 믹싱한다.
7 물②를 4~5번에 걸쳐 조금씩 넣고 섞는다.
8 올리브오일도 4~5번에 걸쳐 조금씩 넣고 섞는다.
9 매끈하고 광택이 나는 반죽이 되도록 마무리 믹싱한다.
10 적당한 크기의 통에 올리브오일을 바르고 반죽을 담는다.
11 충전물 전체를 넣고 반죽을 접어 가며(폴딩) 골고루 섞는다.
   tip 깨지거나 상할 수 있는 재료들이 많아 손으로 작업하도록 한다.
12 온도계를 반죽의 중심에 꽂아 온도를 확인한다. ▶ 반죽 온도 24~25℃

STEP 03 •
1차 발효

13 24~25℃의 실온에서 약 45분 동안 발효시킨 뒤 펀칭하고 다시 1시간 발효시킨다.
tip 발효 시간과 온도는 반죽의 상태나 주변 환경에 따라 달라질 수 있다.
tip 24~25℃의 실온에서 약 20~30분 동안 발효시킨 뒤 펀칭하고 다시 2~4℃의 냉장고에서
16~24시간 발효시키는 저온숙성법을 사용할 수도 있다.

STEP 04 •
분할 및 성형

14 통에서 반죽을 꺼내 뒤집어 놓은 다음 큰 기포를 빼고 3~4㎝ 두께로 도톰하게 만든다.
15 직사각형 모양으로 160g씩 분할한 다음 손바닥으로 두들겨 큰 기포를 뺀다.
16 반죽을 ⅓씩 두 번 접어 긴 직사각형 모양으로 성형한다.

COMMENT ▼ 셰프의 코멘트

특별한 크림치즈 필링과 마요네즈를 구수한 치아바타에 바르고 치즈, 올리브, 스위트 콘을
올린 필승 치아바타입니다. 겉은 바삭하고 속은 촉촉한데 톡톡 터지는 옥수수가 재미있는
식감을 연출하죠. 동시에 부드러운 소스들이 입맛을 돋웁니다.

STEP 05 •
2차 발효

17 완성된 반죽을 테플론시트를 깐 오븐 팬 위에 올린다.

18 30℃의 발효기에 넣어 약 30분 정도 발효시킨다. 반죽의 상태를 보며 시간을 조정한다.

19 양손에 물을 묻힌 다음, 반죽의 중앙을 일자로 길게 누른다.

20 누른 부분에 크림치즈 필링을 한 줄 짠다.

21 토핑 재료를 골고루 올린다.

STEP 06 •
굽기

22 데크 오븐은 윗불 270℃ 아랫불 250℃에서 스팀을 넣고 10~12분간 굽는다. 컨벡션 오븐은 260℃로 예열해 스팀을 넣은 다음 13~15분 동안 굽는다.

tip 오븐마다 성능이 다르므로 굽는 시간과 온도는 각자의 상황에 맞도록 조절한다.

바게트

BAGUETTE

OLIVE BAGUETTE

BAGUETTE 1

올리브 바게트

바게트는 반죽이 심플하기 때문에 재료 하나만 더해도 완전히 새로운 제품을 만들 수 있는 빵입니다. 여기서는 두 가지 종류의 올리브를 사용했습니다. 어디에서도 만나기 힘든 특별한 맛을 경험해 보세요.

• INGREDIENT STORY •

묵은 반죽(고생지)

반죽에 묵은 반죽을 넣는다는 것은 1차 발효가 완료된 반죽의 일부를 본 반죽에 넣는다는 뜻입니다. 한번 발효를 마친 반죽을 믹싱할 때 넣으면 제품의 맛과 풍미, 퀄리티가 훨씬 좋아집니다. 설탕과 버터가 들어 가는 고배합 빵에는 플레인 식빵 반죽이나 똑 같은 고배합 반죽을, 설탕이나 버터가 거의 들어가지 않는 저배합 빵에는 마찬가지로 설탕과 버터가 거의 들어가지 않는 저배합 플레인 반죽을 준비했다가 사용하면 됩니다. 이 책에서는 바게트 반죽을 묵은 반죽으로 사용했습니다. 베이커리에서 바게트 반죽을 만들고 있다면 별도로 준비할 필요 없이 반죽을 소량 보관해 두면 됩니다. 일반적으로 믹싱 후 1차 발효를 끝낸 반죽을 냉장 보관해 두었다가, 다음날 새로 만드는 반죽의 믹싱 초반에 함께 넣어 반죽합니다. 묵은 반죽은 보통 전체 밀가루 양의 20~30% 정도를 대체할 수 있으며, 냉장고에서 약 3일간 보관이 가능합니다.

INGREDIENTS ▼

재료	(g)
프랑스 밀가루 T65	1,000
물①	670
세미 드라이이스트 레드	5
소금	19
물②	80

MAKING ▼

1 믹서볼에 물②를 제외한 모든 재료를 담고 저속으로 7분간 믹싱한다.
2 중속으로 속도를 올린 다음 계속해서 믹싱한다.
3 반죽이 볼에서 떨어지면 물②를 조금씩 넣으며 매끈한 반죽이 되도록 만든다.
4 통에 담은 뒤, 실온에서 45분 동안 발효시키고 펀칭한다.
5 1시간에서 1시간 30분 정도 추가로 발효시켜 2배 정도 부풀면 묵은 반죽으로 사용이 가능하다.
6 발효된 묵은 반죽은 냉장고에서 3일간 보관이 가능하다.

	재료	11개 분량(g)
본 반죽	프랑스 밀가루 T65	1,000
	물①	670
	세미 드라이이스트 레드	5
	소금	19
	묵은 반죽(생략 가능)	300
	물②	80
충전물	그린 올리브 슬라이스	100
	블랙 올리브 슬라이스	100
	합계	**2,274**

미리 준비하기 ①

묵은 반죽이란 1차 발효를
마친 바게트 반죽을
뜻합니다. 묵은 반죽에
대한 자세한 내용은
p.183을 참고해 주세요.

미리 준비하기 ②

블랙, 그린 올리브
슬라이스는 키친타월에
올려 물기를 빼 둔다.

STEP 01 •
오토리즈

1 믹서볼에 본 반죽의 밀가루와 물①만을 넣고 저속으로 3분간 믹싱한다.

2 마르지 않도록 랩이나 천을 덮어 실온에서 30분간 휴지시킨다.

    tip 오토리즈는 빵 재료 중 밀가루와 물을 먼저 섞어 30분 가량 휴지시키는 것입니다. 휴지하는 동안 자연스럽게 효소가 분해되어 글루텐이 생성됩니다. 이는 믹싱 시간 단축과 반죽의 안정성을 이끌어내며, 제품의 맛과 풍미를 높이는 효과가 있습니다. 오토리즈는 선택이며 시간이 부족하다면 생략해도 좋습니다. 밀가루나 반죽의 수분량에 따라 휴지시간은 더 길어지거나 짧아질 수 있습니다.

STEP 02 •
반죽

3 오토리즈가 끝난 반죽에 세미 드라이이스트 레드, 소금, 묵은 반죽을 넣는다.

4 저속으로 5분간 돌려 잘 섞는다.

5 중속으로 속도를 올린 다음 물②를 4~5번에 걸쳐 조금씩 넣고 섞는다.

6 매끈하고 광택이 나는 반죽이 되도록 마무리 믹싱한다.

7 온도계를 반죽의 중심에 꽂아 온도를 확인한다. ▶ 반죽 온도 24~25℃

8 적당한 크기의 통에 올리브오일을 바르고 반죽을 담는다.

9 충전물 전체를 넣고 반죽을 접어 가며(폴딩) 골고루 섞는다.

    tip 깨지거나 상할 수 있는 재료들이 많아 손으로 작업하도록 한다.

10 24~25℃의 실온에서 약 45분 동안 발효시킨 뒤 펀칭하고 다시 1시간 발효시킨다.
tip 발효 시간과 온도는 반죽의 상태나 주변 환경에 따라 달라질 수 있다.
tip 24~25℃의 실온에서 약 20~30분 동안 발효시킨 뒤 펀칭하고 다시 2~4℃의 냉장고에서 16~24시간 발효시키는 저온숙성법을 사용할 수도 있다.

11 통에서 반죽을 꺼내 뒤집어 놓은 다음 큰 기포를 빼고 3~4㎝ 두께로 도톰하게 만든다.
12 정사각형 모양으로 200g씩 분할한 다음 손바닥으로 두들겨 큰 기포를 뺀다.
13 타원형으로 말아 통에 담은 뒤 실온에서 10~20분간 휴지시킨다.

COMMENT ▼ 셰프의 코멘트

올리브는 다른 빵에도 많이 접목시키는 재료이지요. 하지만 바게트에 넣으면 평소와는
전혀 다른 느낌의 맛을 만들어 냅니다. 아마도 바게트 반죽이 굉장히 심플한데다,
바게트의 형태에서 오는 식감이 좋은 영향을 준 것이겠지요. 저는 바게트 중에서도
이 올리브 바게트를 가장 좋아한답니다.

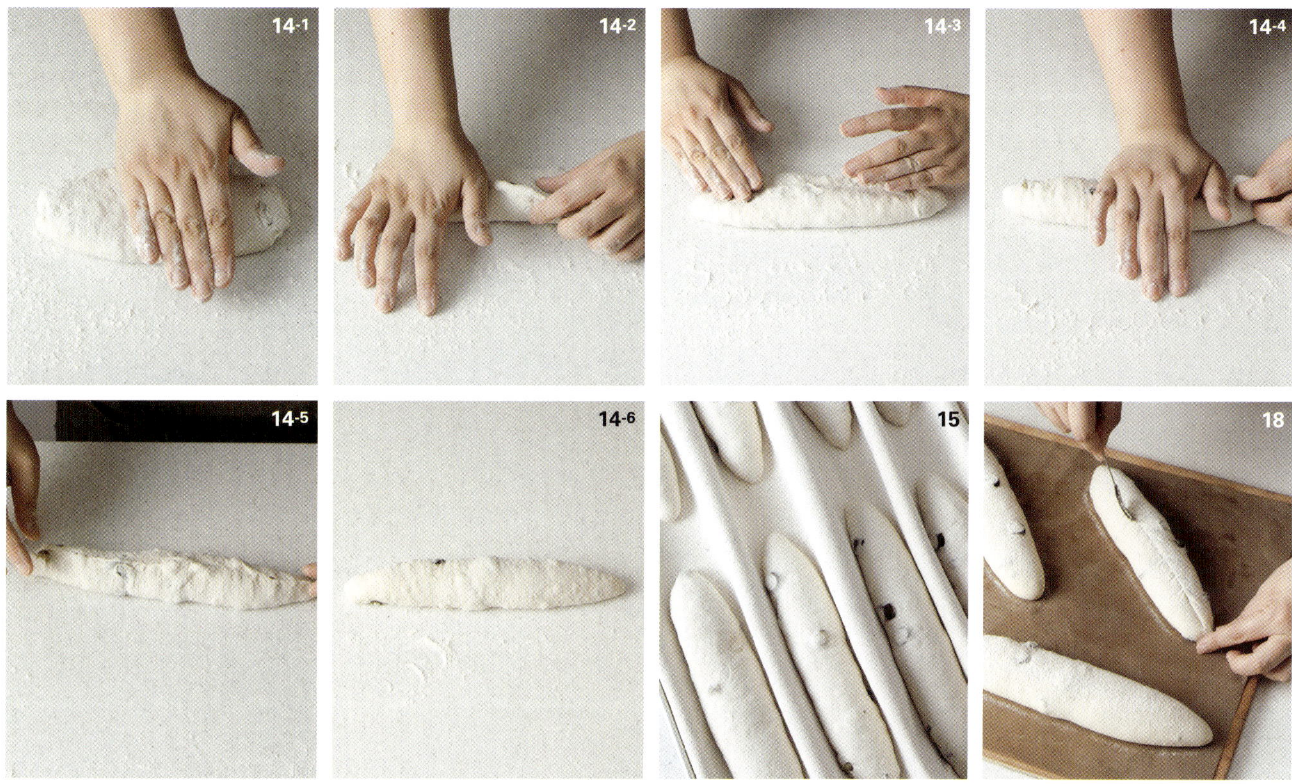

STEP 05 · 성형	**14** 반죽을 뒤집어 덧가루를 뿌린 뒤 반죽을 접어 가며 통통한 바게트 모양(20㎝)으로 성형한다.
STEP 06 · 2차 발효	**15** 완성된 반죽을 캔버스 천 위에 가지런히 올린다. **16** 24~25℃의 실온에서 약 20~50분 정도 발효시킨다. 반죽의 상태를 보며 시간을 조정한다.
STEP 07 · 굽기	**17** 발효된 반죽을 테플론시트를 깐 나무판 혹은 오븐 팬 위에 올린다. **18** 덧가루를 뿌린 뒤 길게 칼집을 낸다. **19** 데크 오븐은 나무판을 빼고 테플론시트째로 옮겨 넣은 다음 윗불 270℃ 아랫불 250℃에서 스팀을 넣고 14~17분간 굽는다. 컨벡션 오븐은 260℃로 예열해 스팀을 넣은 다음 오븐 팬째로 넣어 14~17분 동안 굽는다. **tip** 오븐마다 성능이 다르므로 굽는 시간과 온도는 각자의 상황에 맞도록 조절한다.

CHOCOLATE &HAZELNUT &ORANGE BAGUETTE

초코 헤이즐넛 오렌지 바게트

바게트의 새로운 변신입니다. 단맛과 상큼함을 동시에 느낄 수 있는 제품이지요. 초콜릿 맛 바게트라니. 바게트 입문용으로 소개하기에도 더할 나위 없이 좋은 아이템입니다.

초겨울 | 달콤함 | 상큼함

INGREDIENT STORY

코코아 파우더

카카오 빈을 가공하여 만든 코코아 파우더는 우유나 물에 녹여 핫초콜릿을 만들 때, 제과나 제빵에서 가루 재료의 일부를 대체해 초콜릿의 맛과 향, 색을 내는 제품을 만들 때 주로 사용합니다. 제빵에서는 무가당 코코아 파우더를 주로 사용하는데, 일반적으로 밀가루 분량의 5~10%를 대체하지만 원하는 목적에 따라 양을 늘리거나 줄여 사용하면 됩니다. 지방 함량이 높고 글루텐이 없기 때문에 코코아 파우더가 들어간 반죽은 믹싱 시간이 조금 더 오래 걸릴 수 있습니다. 그러니 처음부터 많은 양을 한꺼번에 넣기보다 조금씩 넣으며 테스트한 뒤 적정량을 정하는 것이 좋습니다. 코코아 파우더는 밀봉하여 서늘한 실온에서 보관합니다.

	재료	9개 분량(g)
본 반죽	프랑스 밀가루 T65	950
	코코아 파우더	50
	물①	670
	세미 드라이이스트 레드	6
	소금	19
	묵은 반죽(생략 가능)	300
	물②	80
충전물	헤이즐넛	100
	초콜릿 칩	50
	오렌지 필	50
	합계	**2,275**

TIMETABLE ▼

- **준비** 묵은 반죽
- **45분** — **오토리즈, 반죽 ← 충전물**
  24~25℃
- **45분+1시간** — **1차 발효**
  실온(24~25℃), 펀칭
- **분할 및 중간 성형**
  250g, 타원형
- **10~20분** — **중간 발효**
  실온(24~25℃)
- **성형**
  바게트 모양(20~22㎝)
- **20~50분** — **2차 발효**
  실온(24~25℃)
- **14~17분** — **굽기 ← 밀가루, 칼집**
  [데크 오븐] 270℃/250℃ 스팀+ 14~17분
  [컨벡션 오븐] 260℃ 스팀+ 14~17분
- **마무리**

PREPARATION ▼

미리 준비하기 ①

묵은 반죽이란 1차 발효를
마친 바게트 반죽을
뜻합니다. 묵은 반죽에 대한
자세한 내용은 p.183을
참고해 주세요.

미리 준비하기 ②

헤이즐넛은 180℃
오븐에서 10~15분 정도
가볍게 로스팅해 식힌다.

DIRECTIONS ▼

STEP 01 •
오토리즈

1 믹서볼에 본 반죽의 밀가루, 코코아 파우더, 물①을 넣고 저속으로 3분간 믹싱한다.

2 마르지 않도록 랩이나 천을 덮어 실온에서 30분간 휴지시킨다.

tip 오토리즈는 빵 재료 중 밀가루와 물을 먼저 섞어 30분 가량 휴지시키는 것입니다.
휴지하는 동안 자연스럽게 효소가 분해되어 글루텐이 생성됩니다. 이는 믹싱 시간 단축과
반죽의 안정성을 이끌어내며, 제품의 맛과 풍미를 높이는 효과가 있습니다. 오토리즈는
선택이며 시간이 부족하다면 생략해도 좋습니다. 밀가루나 반죽의 수분량에 따라
휴지시간은 더 길어지거나 짧아질 수 있습니다.

STEP 02 •
반죽

3 오토리즈가 끝난 반죽에 세미 드라이이스트 레드, 소금, 묵은 반죽을 넣는다.

4 저속으로 5분간 돌려 잘 섞는다.

5 중속으로 속도를 올린 다음 물②를 4~5번에 걸쳐 조금씩 넣고 섞는다.

6 매끈하고 광택이 나는 반죽이 되도록 마무리 믹싱한다.

7 적당한 크기의 통에 올리브오일을 바르고 반죽을 담는다.

8 충전물 전체를 넣고 반죽을 접어 가며(폴딩) 골고루 섞는다.

tip 깨지거나 상할 수 있는 재료들이 많아 손으로 작업하도록 한다.

9 온도계를 반죽의 중심에 꽂아 온도를 확인한다. ▶ 반죽 온도 24~25℃

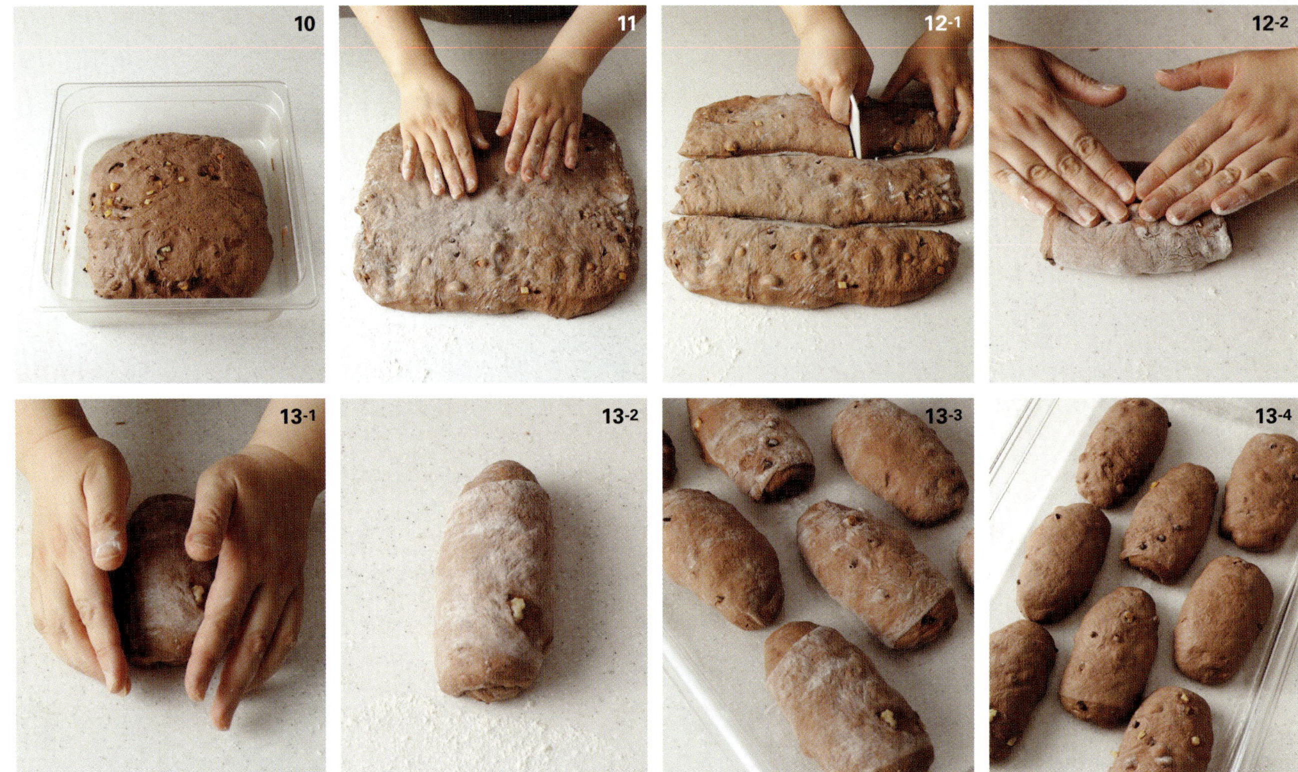

10 24~25℃의 실온에서 약 45분 동안 발효시킨 뒤 펀칭하고 다시 1시간 발효시킨다.
tip 발효 시간과 온도는 반죽의 상태나 주변 환경에 따라 달라질 수 있다.
tip 24~25℃의 실온에서 약 20~30분 동안 발효시킨 뒤 펀칭하고 다시 2~4℃의 냉장고에서
16~24시간 발효시키는 저온숙성법을 사용할 수도 있다.

11 통에서 반죽을 꺼내 뒤집어 놓은 다음 큰 기포를 빼고 3~4㎝ 두께로 도톰하게 만든다.
12 정사각형 모양으로 250g씩 분할한 다음 손바닥으로 두들겨 큰 기포를 뺀다.
13 타원형으로 말아 통에 담은 뒤 실온에서 10~20분간 휴지시킨다.

COMMENT ▼ 셰프의 코멘트

바게트에 다크초콜릿과 고소한 헤이즐넛을 더하니 깊은 풍미가 생기고, 여기에 오렌지 필을
곁들이니 산뜻한 향이 퍼졌습니다. 달콤함, 고소함, 상큼함이 어우러지며 입안에서 새로운
균형을 이룹니다. 클래식한 바게트에 디저트 같은 즐거움을 더한 빵입니다.

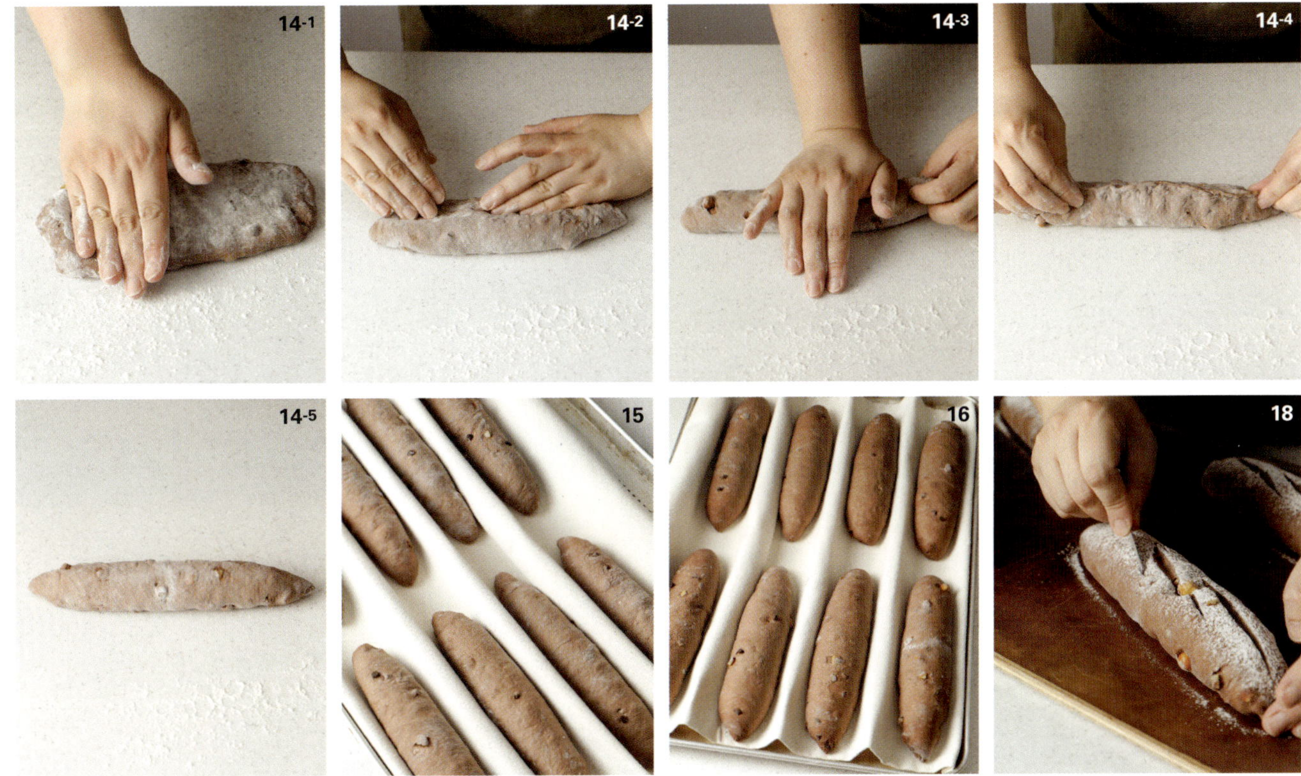

STEP 05 •
성형

14 반죽을 뒤집어 덧가루를 뿌린 뒤 반죽을 접어 가며 20~22㎝ 길이의 바게트 모양으로 성형한다.

STEP 06 •
2차 발효

15 완성된 반죽을 캔버스 천 위에 가지런히 올린다.

16 24~25℃의 실온에서 약 20~50분 정도 발효시킨다. 반죽의 상태를 보며 시간을 조정한다.

STEP 07 •
굽기

17 발효된 반죽을 테플론시트를 깐 나무판 혹은 오븐 팬 위에 올린다.

18 덧가루를 뿌린 뒤 사선으로 긴 칼집을 세 개씩 낸다.

19 데크 오븐은 나무판을 빼고 테플론시트째로 옮겨 넣은 다음 윗불 270℃ 아랫불 250℃에서
스팀을 넣고 14~17분간 굽는다. 컨벡션 오븐은 260℃로 예열해 스팀을 넣은 다음 오븐
팬째로 넣어 14~17분 동안 굽는다.
tip 오븐마다 성능이 다르므로 굽는 시간과 온도는 각자의 상황에 맞도록 조절한다.

WINE FIG CREAM BAGUETTE

와인 무화과 크림 바게트

레드와인에 졸인 무화과와 생크림을 더한 크림치즈를
조합해 간식용 빵을 만들었습니다. 와인 무화과의
강렬한 단맛을 크림치즈가 부드럽게 감싸지요.
특별함으로 승부하는 메뉴입니다.

[가을]　[달콤함]　[특별함]

——— • **INGREDIENT STORY** • ———

반건조 무화과

무화과는 오후의빵집에서 절대 빠질 수 없는 메인 재료 중 하나입니다. 식이섬유가 풍부하고 혈당 지수와 칼로리가
낮아 빵과 함께 섭취해도 큰 부담이 없는 재료이지요. 여성 건강에 효능이 좋다고 알려져 매장에서는 특히나 여성
들의 사랑을 독차지한답니다. 특히 촉촉하게 반건조한 무화과는 응축된 단맛이 특징인데, 주로 터키와 북아프리카
에서 생산됩니다. 오후의빵집에서는 반건조 무화과를 레드와인에 졸여 풍미를 극대화시키는 방법으로 사용하고 있
습니다. 반건조 무화과는 일반적으로 서늘한 실온에 보관하나, 와인에 조리는 경우는 식힌 다음 밀봉해 반드시 냉동
보관하시길 바랍니다. 조릴 때는 무화과의 딱딱한 꼭지를 가위로 제거한 뒤 조리고, 완성된 와인 무화과는 사용하기
전 원하는 크기로 잘라 둡니다.

	재료	11개 분량(g)
풀리시	프랑스 밀가루 T65	150
	세미 드라이이스트 레드	1
	물	150
본 반죽	프랑스 밀가루 T65	800
	통밀 가루	50
	물①	520
	세미 드라이이스트 레드	5
	소금	19
	물②	80
	합계	**1,775**
마무리	**크림치즈 필링** 크림치즈	825
	설탕	82.5
	생크림	82.5
	와인 무화과 반건조 무화과	500
	레드와인	300
	황설탕	30

준비 풀리시, 마무리 재료 준비

10분 — **반죽 ← 풀리시**
24~25℃

45분+1시간 — **1차 발효**
실온(24~25℃), 펀칭

분할 및 중간 성형
150g, 타원형

10~20분 — **중간 발효**
실온(24~25℃)

성형
바게트 모양(18㎝)

20~30분 — **2차 발효**
실온(24~25℃)

14~17분 — **굽기 ← 밀가루, 칼집**
[데크 오븐] 270℃/250℃ 스팀+ 14~17분
[컨벡션 오븐] 260℃ 스팀+ 14~17분

마무리 ← 크림치즈 필링, 와인 무화과

미리 준비하기 ①

p.16을 참고해
풀리시를 만들어
부피가 2배가 될
때까지 발효한다.

미리 준비하기 ②

반건조 무화과의 꼭지를
가위로 잘라 둔다.

미리 준비하기 ③

크림치즈는 미리 실온에
꺼내 말랑하게 만든다.

DIRECTIONS ▾

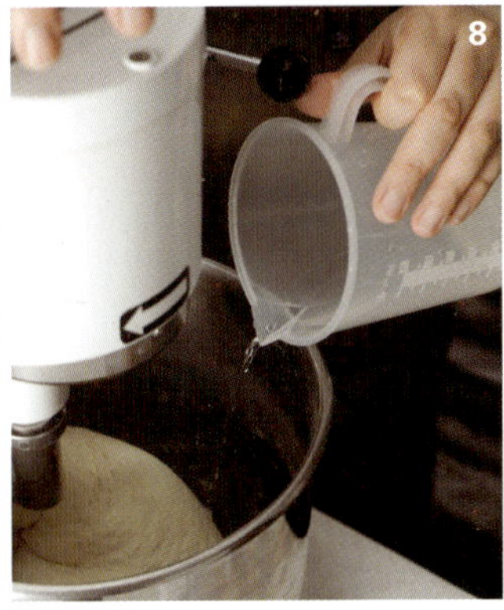

STEP 01 •
와인 무화과

1 냄비에 꼭지를 제거한 반건조 무화과, 레드와인, 황설탕을 넣고 중불에 조린다.
2 수분이 증발하면 적당한 크기로 잘라 둔다.

STEP 02 •
크림치즈 필링

3 실온에 꺼내 말랑해진 크림치즈를 부드럽게 푼다.
4 설탕을 넣고 잘 섞은 다음 생크림을 넣고 섞는다.
5 짤주머니에 담아 보관한다.

STEP 03 •
반죽

6 믹서볼에 물②를 제외한 본 반죽의 모든 재료와 발효된 풀리시를 넣는다.
7 저속으로 7분간 돌려 잘 섞는다.
8 중속으로 속도를 올린 다음 물②를 4~5번에 걸쳐 조금씩 넣고 섞는다.
9 매끈하고 광택이 나는 반죽이 되도록 마무리 믹싱한다.
10 적당한 크기의 통에 올리브오일을 바르고 반죽을 담는다.
11 온도계를 반죽의 중심에 꽂아 온도를 확인한다. ▶ 반죽 온도 24~25℃

STEP 04 •
1차 발효

12 24~25℃의 실온에서 약 45분 동안 발효시킨 뒤 펀칭하고 다시 1시간 발효시킨다.
tip 발효 시간과 온도는 반죽의 상태나 주변 환경에 따라 달라질 수 있다.
tip 24~25℃의 실온에서 약 20~30분 동안 발효시킨 뒤 펀칭하고 다시 2~4℃의 냉장고에서 16~24시간 발효시키는 저온숙성법을 사용할 수도 있다.

STEP 05 •
분할 및 중간 성형
& 중간 발효

13 통에서 반죽을 꺼내 뒤집어 놓은 다음 큰 기포를 빼고 3~4㎝ 두께로 도톰하게 만든다.
14 정사각형 모양으로 150g씩 분할한 다음 손바닥으로 두들겨 큰 기포를 뺀다.
15 타원형으로 말아 통에 담은 뒤 실온에서 10~20분간 휴지시킨다.

STEP 06 •
성형

16 반죽을 뒤집어 덧가루를 뿌린 뒤 반죽을 접어 가며 18㎝ 길이의 작은 바게트 모양으로 성형한다.

COMMENT ▼ 셰프의 코멘트

와인과 무화과의 조합은 늘 깊고 풍성한 맛을 냅니다. 여기에 부드러운 크림치즈 필링을
곁들여 바게트에 담아냈습니다. 바삭한 바게트 껍질을 지나면, 구수함 속에서 달콤함과
고소함, 향긋함이 차례로 피어납니다. 디저트와 와인을 페어링한 듯한 메뉴예요.

<table>
<tr><td>

STEP 07 •
2차 발효

</td><td>

17 완성된 반죽을 캔버스 천 위에 가지런히 올린다.

18 24~25℃의 실온에서 약 20~30분 정도 발효시킨다. 반죽의 상태를 보며 시간을 조정한다.

</td></tr>
<tr><td>

STEP 08 •
굽기

</td><td>

19 발효된 반죽을 테플론시트를 깐 나무판 혹은 오븐 팬 위에 올린다.

20 덧가루를 뿌린 뒤 길게 칼집을 낸다.

21 데크 오븐은 나무판을 빼고 테플론시트째로 옮겨 넣은 다음 윗불 270℃ 아랫불 250℃에서
스팀을 넣고 14~17분간 굽는다. 컨벡션 오븐은 260℃로 예열해 스팀을 넣은 다음 오븐
팬째로 넣어 14~17분 동안 굽는다.
tip 오븐마다 성능이 다르므로 굽는 시간과 온도는 각자의 상황에 맞도록 조절한다.

</td></tr>
<tr><td>

STEP 09 •
마무리

</td><td>

22 구운 바게트를 식힌 다음 옆면에 깊은 칼집을 낸다.

23 크림치즈 필링은 칼집 안쪽에 듬뿍 짠 뒤 모양을 다듬는다.

24 보이는 부분에 와인 무화과를 붙여 완성한다.

</td></tr>
</table>

베이컨 양파 에멘탈 에피

에피는 바게트를 밀 이삭 모양으로 잘라 굽는
빵입니다. 모양새부터가 매우 눈에 띄는 특별한
제품이지요. 여기에 짭조름한 베이컨과 달콤하게 볶은
양파, 고소한 에멘탈 치즈를 더했습니다.

봄~여름 비주얼 짭조름

━━━━━━━━━ • **INGREDIENT STORY** • ━━━━━━━━━

양파

양파는 달콤한 맛과 향이 가득하고, 구우면 구울수록 단맛이 강해지는 특징이 있지요. 주로 전남 무안, 고흥 등에서
많이 나고 7~9월 여름이 제철입니다. 양파를 넣은 빵은 모두 맛있어서 개인적으로 정말 좋아하는 재료랍니다. 식빵,
베이글, 치아바타, 소금빵 등 어디에나 잘 어울리는데 오후의빵집에서는 식빵에 가장 많이 사용하고 있습니다. 물론
베이글이나 포카치아에 듬뿍 넣어 활용하기도 하지만요. 양파를 대량으로 구매했다면 먼저 껍질을 깨끗하게 벗긴
뒤 키친타월로 한 알씩 감싸고 랩으로 다시 한번 꽁꽁 싸 냉장고에 넣습니다. 그러면 장기간 보관이 가능하지요. 단,
양파에 물이 닿으면 금방 상하니 주의해야 합니다. 여름에 양파를 활용한 빵을 잔뜩 만들었는데 양파를 채 썰며
눈물을 한 바가지 흘렸던 기억이 나네요.

재료		10개 분량(g)
본 반죽	프랑스 밀가루 T65	1,000
	르뱅	300
	물①	650
	세미 드라이이스트 레드	5
	소금	19
	물②	50
	올리브오일	50
	합계	**2,074**
성형 재료	양파	300
	소금	적당량
	후추	적당량
	파슬리	적당량
	베이컨	10장
크림 치즈 필링	크림치즈	200
	설탕	20
	생크림	20
	홀그레인 머스터드	10
토핑	에멘탈 치즈 슈레드	적당량

TIMETABLE ▼

준비 르뱅 리프레시, 성형 재료 준비

10분 — **반죽**
24~25℃

45분+1시간 — **1차 발효**
실온(24~25℃), 펀칭

분할 및 중간 성형
200g, 타원형

10~20분 — **중간 발효**
실온(24~25℃)

성형 ← 성형 재료
바게트 모양(22㎝)

20~30분 — **2차 발효**
실온(24~25℃)

14~17분 — **굽기** ← 밀가루, 에피 모양 커팅, 에멘탈 치즈
[데크 오븐] 270℃/250℃ 스팀+ 14~17분
[컨벡션 오븐] 260℃ 스팀+ 14~17분

마무리

PREPARATION ▼

미리 준비하기 ①

p.14를 참고하여 만든 르뱅을 본 반죽 직전에 1:2:2 비율로 리프레시 하고, 실온에서 2배가 될 때까지 발효시킨다.

미리 준비하기 ②

크림치즈는 미리 실온에 꺼내 말랑하게 만든다.

미리 준비하기 ③

양파는 얇게 슬라이스해 둔다.

DIRECTIONS ▼

STEP 01 •
크림치즈 필링

1 크림치즈를 부드럽게 푼 뒤 설탕을 넣고 잘 섞는다.

2 생크림과 홀그레인 머스터드를 넣고 섞는다.

3 짤주머니에 담아 보관한다.

STEP 02 •
반죽

4 믹서볼에 물②와 올리브오일을 제외한 본 반죽의 모든 재료를 넣는다.

5 저속으로 7분간 돌려 잘 섞는다.

6 중속으로 속도를 올린 다음 물②를 4~5번에 걸쳐 조금씩 넣고 섞는다.

7 올리브오일도 4~5번에 걸쳐 조금씩 넣고 섞는다.

8 매끈하고 광택이 나는 반죽이 되도록 마무리 믹싱한다.

9 적당한 크기의 통에 올리브오일을 바르고 반죽을 담는다.

10 온도계를 반죽의 중심에 꽂아 온도를 확인한다. ▶ 반죽 온도 24~25℃

STEP 03 •
1차 발효

11 24~25℃의 실온에서 약 45분 동안 발효시킨 뒤 펀칭하고 다시 1시간 발효시킨다.

tip 발효 시간과 온도는 반죽의 상태나 주변 환경에 따라 달라질 수 있다.

tip 24~25℃의 실온에서 약 20~30분 동안 발효시킨 뒤 펀칭하고 다시 2~4℃의 냉장고에서
16~24시간 발효시키는 저온숙성법을 사용할 수도 있다.

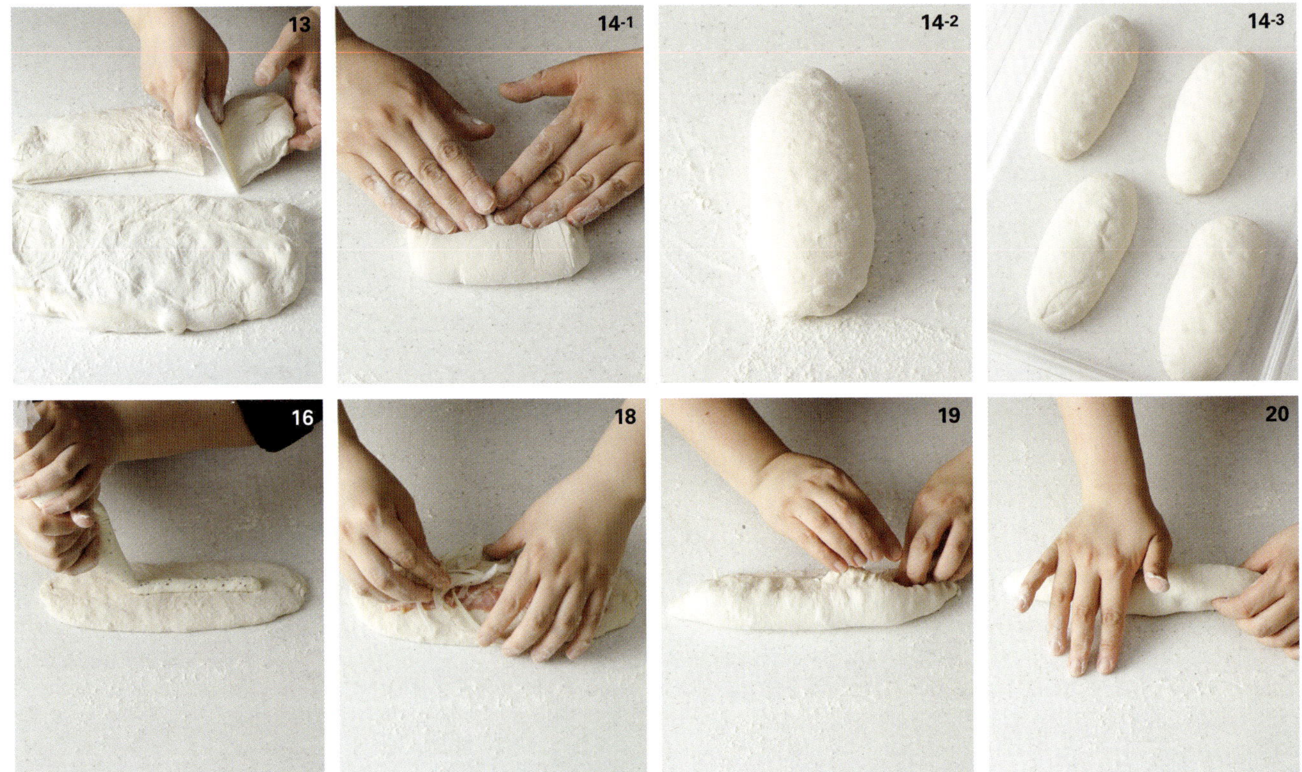

분할 및 중간 성형
& 중간 발효

12 통에서 반죽을 꺼내 뒤집어 놓은 다음 큰 기포를 빼고 3~4㎝ 두께로 도톰하게 만든다.

13 정사각형 모양으로 200g씩 분할한 다음 손바닥으로 두들겨 큰 기포를 뺀다.

14 타원형으로 말아 통에 담은 뒤 실온에서 10~20분간 휴지시킨다.

성형

15 반죽을 뒤집어 덧가루를 뿌린 뒤 반죽을 손바닥으로 꾹꾹 눌러 넓은 타원형으로 만든다.

16 반죽 위에 크림치즈 필링을 한 줄 짠 다음 베이컨을 한 장 올린다.

17 볼에 양파 슬라이스를 담고 소금과 후추로 간한 뒤 파슬리를 뿌려 버무린다.

 tip 미리 버무리면 양파에서 수분이 나오니 사용 직전에 버무린다.

18 버무린 양파 슬라이스를 크림치즈 위에 듬뿍 올린다.

19 내용물을 반죽으로 감싸 이음매를 여민다.

20 22㎝ 길이의 바게트 모양으로 성형한다.

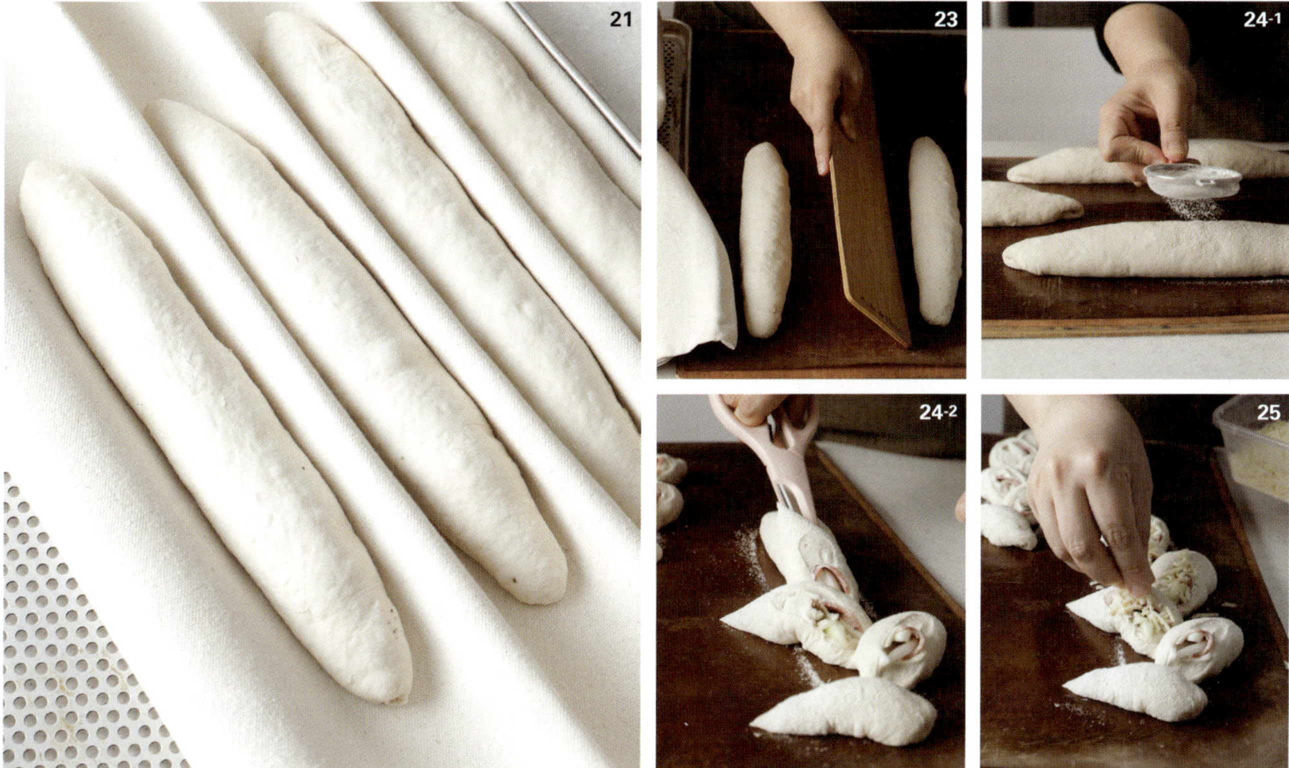

STEP 06
2차 발효

21 완성된 반죽을 캔버스 천 위에 가지런히 올린다.

22 24~25℃의 실온에서 약 20~30분 정도 발효시킨다. 반죽의 상태를 보며 시간을 조정한다.

STEP 07
굽기

23 발효된 반죽을 테플론시트를 깐 나무판 혹은 오븐 팬 위에 올린다.

24 덧가루를 뿌린 뒤 가위를 이용해 반죽을 잘라 좌우로 교차시키며 모양을 잡는다.

25 에멘탈 치즈 슈레드를 잘린 면 위에 뿌린다.

26 데크 오븐은 나무판을 빼고 테플론시트째로 옮겨 넣은 다음 윗불 270℃ 아랫불 250℃에서
스팀을 넣고 14~17분간 굽는다. 컨벡션 오븐은 260℃로 예열해 스팀을 넣은 다음 오븐
팬째로 넣어 14~17분 동안 굽는다.

tip 오븐마다 성능이 다르므로 굽는 시간과 온도는 각자의 상황에 맞도록 조절한다.

COMMENT ▾ 셰프의 코멘트

에피는 일반적인 바게트보다 한 조각의 크기가 작아 껍질이 두껍고 속살이 적습니다. 그만큼 바삭하며
고소함의 극치를 느낄 수 있지요. 한입 베어 물면 마치 갓 지은 밥을 먹는 듯해요. 그 안에서 베이컨의
풍미와 양파의 단맛, 치즈의 깊은 맛이 어우러져 씹는 순간마다 만족감이 터져 나오는 메뉴입니다.

CAPRESE BAGUETTE BALL

카프레제 바게트 볼

초봄 · 싱그러움 · 비주얼

간단한 조합임에도 맛의 극치가 느껴지는 빵입니다.
지중해 식재료를 사용해 이탈리아가 연상되기도 하지요.
특히 여성들에게 사랑받는 메뉴이며 매대에 색다른
싱그러움을 연출하는 훌륭한 제품입니다.

● INGREDIENT STORY ●

바질

얇고 부드럽지만 오동통한 형태의 바질은 주로 요리에 사용하는 허브입니다. 이탈리아에서는 페스토로 만들어 다양한 요리에 사용하고, 태국 등 동남아시아 요리에서도 많이 볼 수 있지요. 신선한 잎을 사용할 때 가장 향이 좋습니다. 가열하는 음식에 넣을 때는 향이 약해질 수 있으므로 마지막에 가볍게 추가하는 것이 좋습니다. 고온으로 굽는 빵에 넣고 싶다면 말린 바질을 사용해 보세요. 생 바질보다 향이 강하게 남습니다. 또한 바질은 토마토, 올리브오일, 치즈 등과 궁합이 좋은 재료입니다. 이 제품에서는 빵을 다 구운 뒤 윗면에 가볍게 올리고 올리브오일을 살짝 뿌려 완성했습니다. 이렇게 하면 생 바질을 사용하면서도 향을 극대화할 수 있습니다.

	재료	13개 분량(g)
본 반죽	프랑스 밀가루 T65	950
	통밀 가루	50
	르뱅	300
	물①	650
	세미 드라이이스트 레드	5
	소금	19
	물②	50
	올리브오일	50
	합계	**2,074**
성형 재료	모차렐라 치즈(보코치니)	39조각
	롤 치즈	260
	체더 치즈	130
토핑	방울토마토	26개
	올리브오일	적당량
마무리	바질	적당량

준비 르뱅 리프레시, 방울토마토 자르기

[10분] — **반죽**
24~25℃

[45분+1시간] — **1차 발효**
실온(24~25℃), 펀칭

— **분할 및 성형** ← 성형 재료
150g, 만두 모양

[20~50분] — **2차 발효**
실온(24~25℃)

[14~17분] — **굽기** ← 밀가루, 칼집, 토핑
[데크 오븐] 270℃/250℃ 스팀+ 14~17분
[컨벡션 오븐] 260℃ 스팀+ 14~17분

마무리 바질

미리 준비하기 ①

p.14를 참고하여 만든 르뱅을 본 반죽 직전에 1:2:2 비율로 리프레시하고, 실온에서 2배가 될 때까지 발효시킨다.

미리 준비하기 ②

방울토마토는 반으로 잘라 둔다.

STEP 01
반죽

1 믹서볼에 물②와 올리브오일을 제외한 본 반죽의 모든 재료를 넣는다.
2 저속으로 7분간 돌려 잘 섞는다.
3 중속으로 속도를 올린 다음 물②를 4~5번에 걸쳐 조금씩 넣고 섞는다.
4 올리브오일도 4~5번에 걸쳐 조금씩 넣고 섞는다.
5 매끈하고 광택이 나는 반죽이 되도록 마무리 믹싱한다.
6 적당한 크기의 통에 올리브오일을 바르고 반죽을 담는다.
7 온도계를 반죽의 중심에 꽂아 온도를 확인한다. ▶ 반죽 온도 24~25℃

STEP 02
1차 발효

8 24~25℃의 실온에서 약 45분 동안 발효시킨 뒤 펀칭하고 다시 1시간 발효시킨다.
   tip 발효 시간과 온도는 반죽의 상태나 주변 환경에 따라 달라질 수 있다.
   tip 24~25℃의 실온에서 약 20~30분 동안 발효시킨 뒤 펀칭하고 다시 2~4℃의 냉장고에서
   16~24시간 발효시키는 저온숙성법을 사용할 수도 있다.

STEP 03 •
분할 및 성형

9 통에서 반죽을 꺼내 뒤집어 놓은 다음 큰 기포를 빼고 3~4㎝ 두께로 도톰하게 만든다.

10 정사각형 모양으로 150g씩 분할한 다음 둥글리기한다.

11 반죽을 손바닥으로 두들겨 납작하게 만든다.

12 세 종류의 치즈(모차렐라 치즈 3조각, 롤 치즈 20g, 체더 치즈 10g씩)를 올린 뒤 반죽으로 감싸
동그란 만두 모양으로 만든다.

COMMENT ▼ 셰프의 코멘트

이탈리아의 대표 샐러드 중 하나인 카프레제를 빵으로 만들어보고 싶었습니다. 바게트 반죽
속에 카프레제 재료를 넣고 동그란 볼 모양으로 만들어 구운 다음, 신선한 바질을 올려 장식하고
올리브오일을 뿌리니 귀여운 그릇에 담긴 카프레제 샐러드처럼 보여 만족스럽습니다.

STEP 04 ●
2차 발효

13 완성된 반죽을 캔버스 천 위에 가지런히 올린다.

14 24~25℃의 실온에서 약 20~50분 정도 발효시킨다. 반죽의 상태를 보며 시간을 조정한다.

STEP 05 ●
굽기

15 발효된 반죽을 테플론시트를 깐 나무판 혹은 오븐 팬 위에 올린다.

16 덧가루를 뿌린 뒤 가위를 이용해 윗면을 십자 모양으로 자른다.

17 방울토마토를 반으로 잘라 4조각씩 넣고 올리브오일을 뿌린다.

18 데크 오븐은 나무판을 빼고 테플론시트째로 옮겨 넣은 다음 윗불 270℃ 아랫불 250℃에서 스팀을 넣고 14~17분간 굽는다. 컨벡션 오븐은 260℃로 예열해 스팀을 넣은 다음 오븐 팬째로 넣어 14~17분 동안 굽는다.

tip 오븐마다 성능이 다르므로 굽는 시간과 온도는 각자의 상황에 맞도록 조절한다.

STEP 06 ●
마무리

19 완전히 식은 바게트 위에 신선한 바질을 올려 마무리한다.

JAMBON -BEURRE BAGUETTE SANDWICH

잠봉 뵈르 바게트 샌드위치

바게트를 응용해 만드는 대표적인 샌드위치입니다.
바게트, 버터, 잠봉만으로 구성된 단순한 제품이지요.
하지만 핵심은 바로 바게트입니다. 바게트가 맛있어야
제품의 완성도를 끌어올릴 수 있습니다.

초봄　한 끼 식사　담백함

• INGREDIENT STORY •

잠봉

잠봉은 프랑스어로 '햄'을 뜻하는 단어입니다. 우리에겐 잠봉 뵈르 샌드위치로 익숙하지요. 돼지고기를 소금에 절인 후 훈연하거나 건조해 만들며, 짭짤하면서도 부드러운 식감이 특징입니다. 잠봉은 보통 생 햄과 익힌 햄으로 구분하는데, 우리가 흔히 사용하는 잠봉은 생 햄을 향신료를 넣은 육수에 끓여 만든 것으로 조리 과정에서 지방이 빠져나가서 칼로리가 낮아 프랑스인들에겐 다이어트 식단으로 쓰인다 합니다. 요즘은 우리나라에서도 다양한 브랜드에서 나오는 잠봉을 쉽게 구매할 수 있습니다. 공기 접촉을 최대한 막아 냉장고에 보관하며 2~3일 안에 모두 소진하는 것이 좋습니다.

에멘탈 치즈

에멘탈 치즈는 살균되지 않은 우유만을 사용해 4~12개월 동안 숙성시켜 만드는 스위스 치즈입니다. 구멍이 송송 나있는데다 특유의 향이 매력적이라 세계적인 인기를 끌고 있지요. 큼지막하게 슬라이스한 제품, 슈레드로 갈아 둔 제품 등 다양하게 판매됩니다. 프랑스에서 에멘탈 치즈 잠봉 뵈르 샌드위치를 맛본 뒤로는 오후의빵집에서도 항상 에멘탈 치즈를 넣어 만들고 있습니다. 단순하지만 가장 잘 어울리는 조합이지요. 물론 에멘탈 치즈는 부드러운 빵에도, 페이스트리에도, 딱딱한 하드 계열 빵에도 잘 어울린답니다.

	재료	7개 분량(g)
풀리시	프랑스 밀가루 T65	150
	세미 드라이이스트 레드	1
	물	150
본 반죽	프랑스 밀가루 T65	850
	물①	520
	세미 드라이이스트 레드	5
	소금	19
	물②	80
	합계	**1,775**
샌드위치 재료	살구잼	적당량
	머스터드 소스	적당량
	발효 버터	적당량
	잠봉	적당량
	에멘탈 치즈 슬라이스	적당량

준비 풀리시, 발효 버터 자르기

10분 — **반죽 ← 풀리시**
24~25℃

45분+1시간 — **1차 발효**
실온(24~25℃), 펀칭

분할 및 중간 성형
250g, 타원형

10~20분 — **중간 발효**
실온(24~25℃)

성형
바게트 모양(33㎝)

20~50분 — **2차 발효**
실온(24~25℃)

14~17분 — **굽기 ← 밀가루, 칼집**
[데크 오븐] 270℃/250℃ 스팀+ 14~17분
[컨벡션 오븐] 260℃ 스팀+ 14~17분

마무리 ← 샌드위치 재료

미리 준비하기 ①

p.16을 참고해
풀리시를 만들어
부피가 2배가
될 때까지 발효한다.

미리 준비하기 ②

발효 버터는 적당한
크기로 잘라 둔다.

DIRECTIONS ▼

STEP 01 •
반죽

1　믹서볼에 물②를 제외한 본 반죽의 모든 재료와 발효된 풀리시를 넣는다.
2　저속으로 7분간 돌려 잘 섞는다.
3　중속으로 속도를 올린 다음 물②를 4~5번에 걸쳐 조금씩 넣고 섞는다.
4　매끈하고 광택이 나는 반죽이 되도록 마무리 믹싱한다.
5　적당한 크기의 통에 올리브오일을 바르고 반죽을 담는다.
6　온도계를 반죽의 중심에 꽂아 온도를 확인한다. ▶ 반죽 온도 24~25℃

STEP 02 •
1차 발효

7　24~25℃의 실온에서 약 45분 동안 발효시킨 뒤 펀칭하고 다시 1시간 발효시킨다.
　tip 발효 시간과 온도는 반죽의 상태나 주변 환경에 따라 달라질 수 있다.
　tip 24~25℃의 실온에서 약 20~30분 동안 발효시킨 뒤 펀칭하고 다시 2~4℃의 냉장고에서
16~24시간 발효시키는 저온숙성법을 사용할 수도 있다.

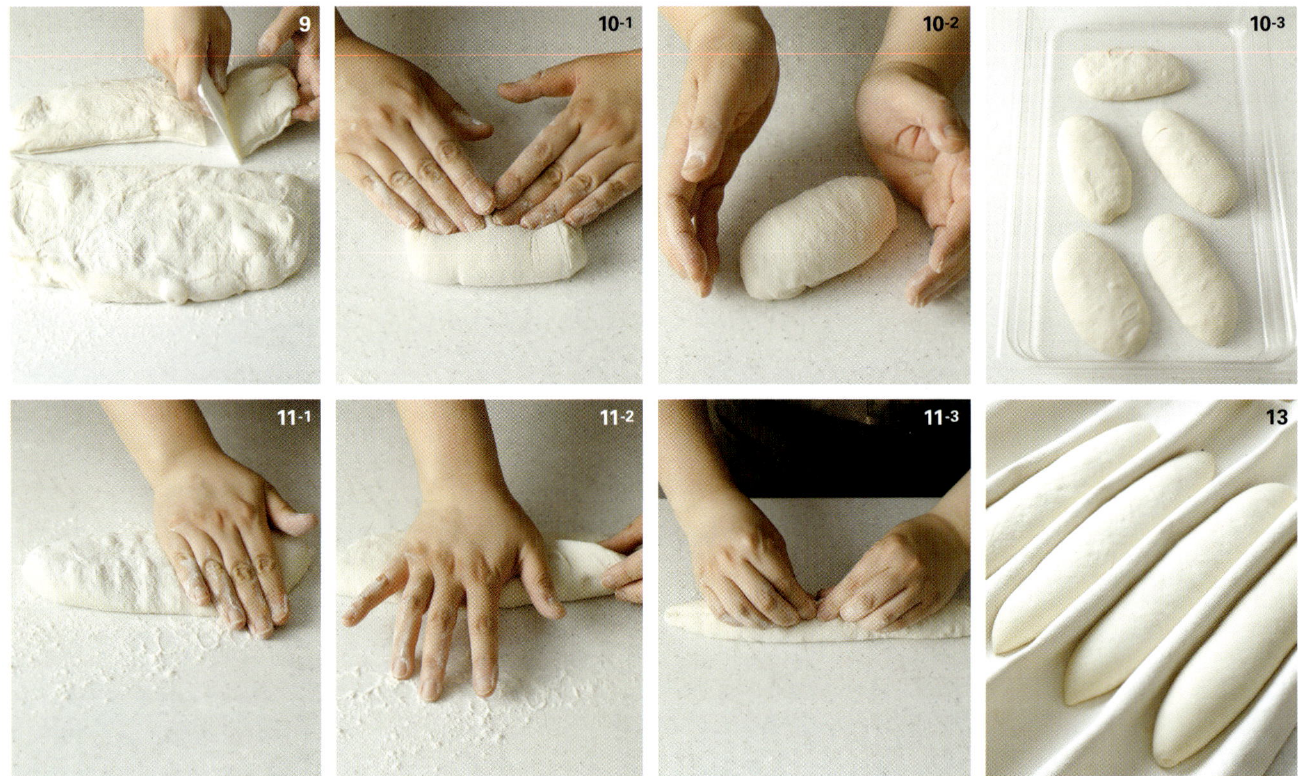

<table>
<tr><td>

STEP 03 •

분할 및 중간 성형
& 중간 발효

</td><td>

8 통에서 반죽을 꺼내 뒤집어 놓은 다음 큰 기포를 빼고 3~4㎝ 두께로 도톰하게 만든다.
9 정사각형 모양으로 250g씩 분할한 다음 손바닥으로 두들겨 큰 기포를 뺀다.
10 타원형으로 말아 통에 담은 뒤 실온에서 10~20분간 휴지시킨다.

</td></tr>
</table>

STEP 04 •

성형

11 반죽을 뒤집어 덧가루를 뿌린 뒤 반죽을 접어 가며 33㎝ 길이의 바게트 모양으로 성형한다.

STEP 05 •

2차 발효

12 완성된 반죽을 캔버스 천 위에 가지런히 올린다.
13 24~25℃의 실온에서 약 20~50분 정도 발효시킨다. 반죽의 상태를 보며 시간을 조정한다.

COMMENT ▼ 셰프의 코멘트

단순해 보이지만 숨은 포인트 재료가 있답니다. 바로 살구잼이에요. 살구잼은 빵과 샌드위치의 맛을
해치지 않으면서도 제품의 개성을 살리는 작은 포인트랍니다. 이왕이면 프랑스산 살구잼을 추천합니다.

STEP 6 •
굽기

14 발효된 반죽을 테플론시트를 깐 나무판 혹은 오븐 팬 위에 올린다.

15 덧가루를 뿌린 뒤 길게 칼집을 낸다.

16 데크 오븐은 나무판을 빼고 테플론시트째로 옮겨 넣은 다음 윗불 270℃ 아랫불 250℃에서
스팀을 넣고 14~17분간 굽는다. 컨벡션 오븐은 260℃로 예열해 스팀을 넣은 다음 오븐
팬째로 넣어 14~17분 동안 굽는다.

   tip 오븐마다 성능이 다르므로 굽는 시간과 온도는 각자의 상황에 맞도록 조절한다.

STEP 7 •
마무리

17 완전히 식은 바게트를 반으로 슬라이스한다.

18 바닥 부분에 살구잼을 바르고, 뚜껑 부분에는 머스터드 소스를 골고루 바른다.

19 살구잼 위에 발효 버터를 4조각 올린다.

20 잠봉과 에멘탈 치즈 2장을 순서대로 올린다.

21 뚜껑을 덮어 완성한다.

APPLE&BRIE &RUCOLA BAGUETTE SANDWICH

애플 브리 루콜라 바게트 샌드위치

고소한 바게트에 달콤한 사과, 깊은 풍미의 브리 치즈,
짭조름한 햄, 그리고 쌉쌀한 루콜라를 담았습니다.
브런치 메뉴로도 손색 없는 고급스런 맛의 샌드위치입니다.

초여름 · 산뜻함 · 쫄깃함

INGREDIENT STORY

브리 치즈

브리 치즈는 프랑스 브리 지방에서 생산되는 부드러운 치즈 중 하나입니다. 치즈의 왕이라는 애칭이 있을 정도로 매우 인기가 많은 치즈이지요. 카망베르 치즈와 비슷해 자주 혼동되는데, 카망베르는 브리 치즈에 비해 강렬한 풍미를 지녔고, 브리 치즈는 그에 비해 좀더 부드럽고 순한 맛이 특징입니다. 브리 치즈는 그 자체만으로도 훌륭한 음식이 지만 차갑게 먹는 것보다 따뜻하게 구워 먹는 것이 훨씬 맛있습니다. 또, 사과나 포도 등의 과일과 특히 궁합이 좋고 견과류나 꿀과도 잘 어울린답니다. 이 책에서는 슬라이스 햄과 타임을 곁들여 샌드위치 속 재료로 사용했습니다.

	재료	7개 분량(g)
풀리시	프랑스 밀가루 T65	150
	세미 드라이이스트 레드	1
	물	150
본 반죽	프랑스 밀가루 T65	850
	물①	520
	세미 드라이이스트 레드	5
	소금	19
	물②	80
	합계	1,775
샌드위치 재료	사과	적당량
	브리 치즈	적당량
	슬라이스 햄	적당량
	루콜라	적당량
	머스터드 소스	적당량
	꿀	적당량
	타임	적당량

준비 풀리시, 샌드위치 재료 준비

10분 — **반죽** ← 풀리시
24~25℃

45분+1시간 — **1차 발효**
실온(24~25℃), 펀칭

분할 및 중간 성형
250g, 타원형

10~20분 — **중간 발효**
실온(24~25℃)

성형
바게트 모양(33cm)

20~50분 — **2차 발효**
실온(24~25℃)

14~17분 — **굽기** ← 밀가루, 칼집
[데크 오븐] 270℃/250℃ 스팀+ 14~17분
[컨벡션 오븐] 260℃ 스팀+ 14~17분

마무리 ← 샌드위치 재료

미리 준비하기 ①

p.16을 참고해
풀리시를 만들어
부피가 2배가 될
때까지 발효한다.

미리 준비하기 ②

사과와 브리 치즈는
적당한 크기로 잘라 둔다.

DIRECTIONS ▾

STEP 01 •
반죽

1 믹서볼에 물②를 제외한 본 반죽의 모든 재료와 발효된 풀리시를 넣는다.

2 저속으로 7분간 돌려 잘 섞는다.

3 중속으로 속도를 올린 다음 물②를 4~5번에 걸쳐 조금씩 넣고 섞는다.

4 매끈하고 광택이 나는 반죽이 되도록 마무리 믹싱한다.

5 적당한 크기의 통에 올리브오일을 바르고 반죽을 담는다.

6 온도계를 반죽의 중심에 꽂아 온도를 확인한다. ▶ 반죽 온도 24~25℃

STEP 02 •
1차 발효

7 24~25℃의 실온에서 약 45분 동안 발효시킨 뒤 펀칭하고 다시 1시간 발효시킨다.

   tip 발효 시간과 온도는 반죽의 상태나 주변 환경에 따라 달라질 수 있다.

   tip 24~25℃의 실온에서 약 20~30분 동안 발효시킨 뒤 펀칭하고 다시 2~4℃의 냉장고에서
16~24시간 발효시키는 저온숙성법을 사용할 수도 있다.

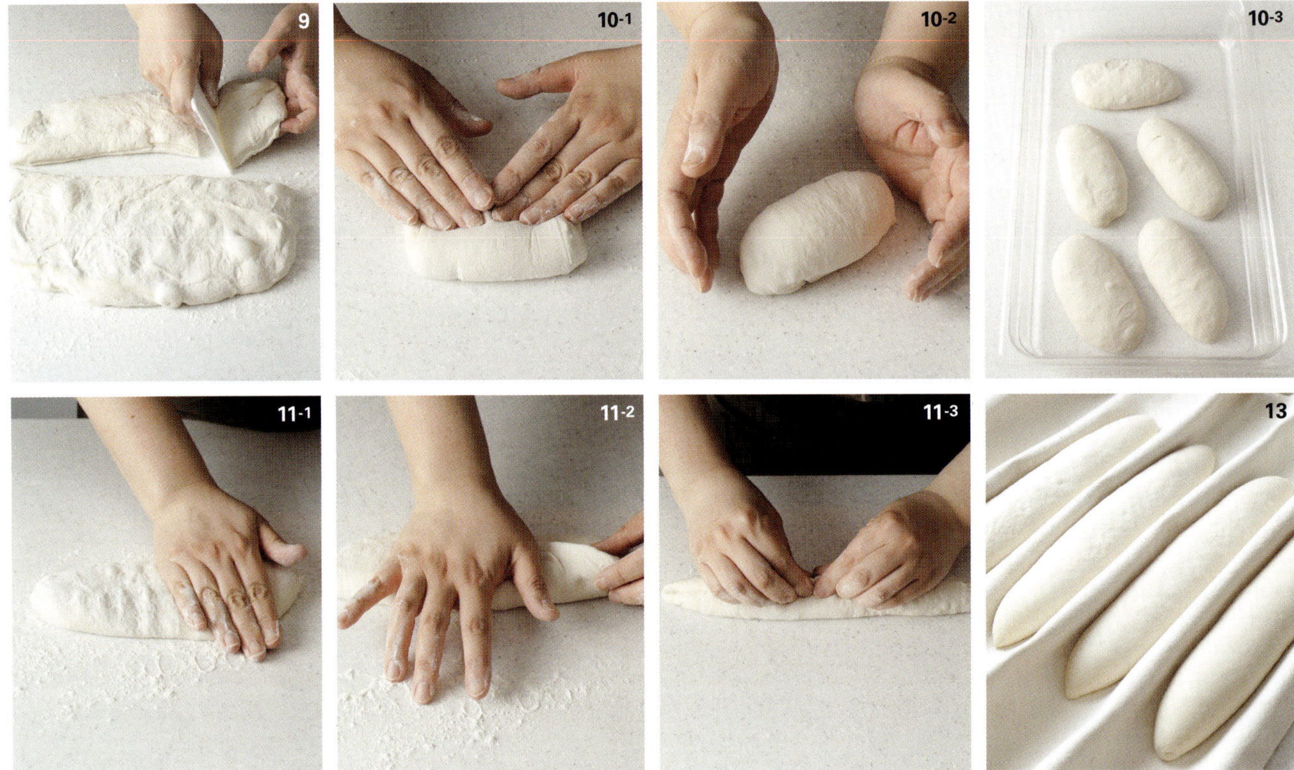

STEP 03 •
분할 및 중간 성형
& 중간 발효

8 통에서 반죽을 꺼내 뒤집어 놓은 다음 큰 기포를 빼고 3~4㎝ 두께로 도톰하게 만든다.
9 정사각형 모양으로 250g씩 분할한 다음 손바닥으로 두들겨 큰 기포를 뺀다.
10 타원형으로 말아 통에 담은 뒤 실온에서 10~20분간 휴지시킨다.

STEP 04 •
성형

11 반죽을 뒤집어 덧가루를 뿌린 뒤 반죽을 접어 가며 33㎝ 길이의 바게트 모양으로 성형한다.

STEP 05 •
2차 발효

12 완성된 반죽을 캔버스 천 위에 가지런히 올린다.
13 24~25℃의 실온에서 약 20~50분 정도 발효시킨다. 반죽의 상태를 보며 시간을 조정한다.

COMMENT ▼ 셰프의 코멘트

사과의 단맛이 치즈의 묵직함을 가볍게 풀고, 루콜라가 산뜻하게 마무리합니다. 겉은 바삭하고 속은 쫄깃한 바게트 속에서 여러 가지 재료가 층층이 쌓이며 먹을 때마다 다른 맛을 냅니다.

STEP 06 •
굽기

14 발효된 반죽을 테플론시트를 깐 나무판 혹은 오븐 팬 위에 올린다.

15 덧가루를 뿌린 뒤 길게 칼집을 낸다.

16 데크 오븐은 나무판을 빼고 테플론시트째로 옮겨 넣은 다음 윗불 270℃ 아랫불 250℃에서
스팀을 넣고 14~17분간 굽는다. 컨벡션 오븐은 260℃로 예열해 스팀을 넣은 다음 오븐 팬째로
넣어 14~17분 동안 굽는다.

tip 오븐마다 성능이 다르므로 굽는 시간과 온도는 각자의 상황에 맞도록 조절한다.

STEP 07 •
마무리

17 완전히 식은 바게트를 반으로 슬라이스한다.

18 양쪽 단면에 머스터드 소스를 골고루 바른다.

19 바닥 부분에 줄기를 자른 루콜라를 듬뿍 올린다.

20 슬라이스 햄 3장, 브리 치즈 4장, 사과 슬라이스를 순서대로 올린다.

21 꿀을 살짝 뿌린 다음 타임으로 장식한다.

22 뚜껑을 덮어 완성한다.

NEW
PRODUCT
IDEAS 5

캉파뉴

CAMPAGNE

호두 크림치즈 캉파뉴

캉파뉴는 통밀이나 호밀이 들어가 굉장히 구수한 맛의 빵입니다. 여기에 호두와 크림치즈가 더해지면 한층 더 진한 맛을 내지요. 대중의 사랑을 받을 수 있는 제품입니다.

한겨울   구수함   촉촉함

— INGREDIENT STORY —

호두 분태

호두는 단단한 껍질 속에 들어 있는 고소하고 기름진 열매입니다. 어린 시절 호두 껍질을 부쉈던 기억이 누구에게나 한 번쯤은 있을 텐데요. 호두에는 오메가3, 단백질, 미네랄, 비타민 등 영양소가 풍부하다고 합니다. 그러나 너무 과하게 섭취하면 알레르기나 소화 불량을 일으킬 수 있으니 주의하는 것이 좋습니다. 호두 분태는 이러한 호두를 작게 다진 것입니다. 사용하기 전 깨끗한 물에 여러 번 씻어 이물질을 제거하고 물기를 없앤 뒤 180℃ 오븐에서 10~15분 정도 잘 섞어 가며 굽습니다. 이것을 '호두를 전처리한다'라고 하는데 전처리 과정에서 쓴맛이나 잡내가 없어지고, 고소한 맛이 극대화됩니다. 호두는 공기와 닿거나 따뜻한 곳에서 보관하면 빠르게 산패될 수 있으니 꼭 밀봉해서 냉동 보관하고, 가능한 빨리 소진하는 것이 좋습니다. 빵에 고소한 맛을 내고 싶다면 호두를 더해 보세요.

	재료		9개 분량(g)
본 반죽	프랑스 밀가루 T65		900
	호밀 가루		50
	통밀 기루		50
	물①		670
	세미 드라이이스트 레드		5
	소금		19
	묵은 반죽(생략 가능)		300
	물②		70
충전물	호두 분태		150
	합계		2,214
성형 재료	크림치즈 블록	크림치즈	675
		설탕	45
토핑	에멘탈 치즈 슈레드		적당량

준비 묵은 반죽, 크림치즈 블록, 호두 전처리

- **10분** — **반죽 ← 호두 분태**
  24~25℃
- **45분+1시간** — **1차 발효**
  실온(24~25℃), 펀칭
- **분할 및 중간 성형**
  230g, 타원형
- **10~20분** — **중간 발효**
  실온(24~25℃)
- **성형 ← 크림치즈 블록**
  바타르 모양(22㎝)
- **20~50분** — **2차 발효**
  실온(24~25℃)
- **14~17분** — **굽기 ← 밀가루, 칼집, 에멘탈 치즈**
  [데크 오븐] 270℃/250℃ 스팀+ 14~17분
  [컨벡션 오븐] 260℃ 스팀+ 14~17분
- **마무리**

1
부드럽게 푼 크림치즈에 설탕을 넣어 잘 섞은 다음 짤주머니에 담는다.

2
한 덩이에 80g, 10㎝가 되도록 짠다.

3
냉장고에 넣고 굳힌다.

DIRECTIONS ▼

STEP 01
반죽

1 믹서볼에 물②를 제외한 본 반죽의 모든 재료를 넣는다.

2 저속으로 7분간 돌려 잘 섞는다.

3 중속으로 속도를 올린 다음 물②를 4~5번에 걸쳐 조금씩 넣고 섞는다.

4 매끈하고 광택이 나는 반죽이 되도록 마무리 믹싱한다.

5 적당한 크기의 통에 올리브오일을 바르고 반죽을 담는다.

6 전처리한 호두 분태를 넣고 반죽을 접어 가며(폴딩) 골고루 섞는다.
tip 깨지거나 상할 수 있는 재료들이 많아 손으로 작업하도록 한다.

7 온도계를 반죽의 중심에 꽂아 온도를 확인한다. ▶ 반죽 온도 24~25℃

STEP 02
1차 발효

8 24~25℃의 실온에서 약 45분 동안 발효시킨 뒤 펀칭하고 다시 1시간 발효시킨다.
tip 발효 시간과 온도는 반죽의 상태나 주변 환경에 따라 달라질 수 있다.
tip 24~25℃의 실온에서 약 20~30분 동안 발효시킨 뒤 펀칭하고 다시 2~4℃의 냉장고에서
16~24시간 발효시키는 저온숙성법을 사용할 수도 있다.

STEP 03 •
분할 및 중간 성형
& 중간 발효

9 통에서 반죽을 꺼내 뒤집어 놓은 다음 큰 기포를 빼고 3~4㎝ 두께로 도톰하게 만든다.
10 정사각형 모양으로 230g씩 분할한 다음 손바닥으로 두들겨 큰 기포를 뺀다.
11 작고 통통한 타원형으로 말아 통에 담은 뒤 실온에서 10~20분간 휴지시킨다.

STEP 04 •
성형

12 반죽을 뒤집어 덧가루를 뿌린 뒤 손바닥으로 두들겨 적당한 크기로 늘인다.
13 만들어 둔 크림치즈 블록을 중앙에 올린다.
14 반죽으로 감싸 여민 뒤 길쭉한 바타르 모양으로 성형한다.

COMMENT ▼ 셰프의 코멘트

캉파뉴는 원래도 맛의 밸런스가 정말 좋은 빵입니다. 재료를 더하지 않아도 충분히 맛있는
빵이지요. 하지만 이번에는 호두와 크림치즈로 업그레이드 해 보았습니다. 반죽은 구수하고,
호두는 씹을 때마다 고소하며, 크림치즈는 촉촉하고 부드럽게 녹아 내린답니다.

STEP 05 •
2차 발효

15 완성된 반죽을 캔버스 천 위에 가지런히 올린다.
16 24~25℃의 실온에서 약 20~50분 정도 발효시킨다. 반죽의 상태를 보며 시간을 조정한다.

STEP 06 •
굽기

17 발효된 반죽을 테플론시트를 깐 나무판 혹은 오븐 팬 위에 올린다.
18 덧가루를 뿌린 뒤 길게 칼집을 낸다.
19 벌어진 틈에 에멘탈 치즈 슈레드를 넣는다.
20 데크 오븐은 나무판을 빼고 테플론시트째로 옮겨 넣은 다음 윗불 270℃ 아랫불 250℃에서
스팀을 넣고 14~17분간 굽는다. 컨벡션 오븐은 260℃로 예열해 스팀을 넣은 다음 오븐 팬째로
넣어 14~17분 동안 굽는다.
tip 오븐마다 성능이 다르므로 굽는 시간과 온도는 각자의 상황에 맞도록 조절한다.

DARK BEER OATMEAL CAMPAGNE

흑맥주 오트밀 캉파뉴

빵 반죽에 맥주를 넣으면 무슨 맛이 날까요? 술맛이 날 것 같지만 사실 그렇지 않습니다. 높은 고온에 굽기 때문에 술맛은 나지 않습니다. 대신 은근히 진한 색과 특유의 풍미를 얻을 수 있습니다.

초여름 · 풍미 · 특별함

INGREDIENT STORY

흑맥주

로스팅한 맥아를 사용해 만든 검은색 맥주를 흑맥주라 부릅니다. 일반적인 맥주에 비해 훨씬 쌉싸름해 진한 커피나 초콜릿의 향미를 풍기는 것이 특징이지요. 흑맥주를 물 대신 빵에 사용하게 되면 흑맥주의 향과 색이 빵에 입혀져 은은한 풍미를 느낄 수 있답니다. 굽는 과정에서 알코올이 날아가 술맛은 나지 않으니 걱정하지 않아도 좋습니다.

INGREDIENT STORY

오트밀

오트밀은 귀리의 껍질을 벗겨 납작하게 누른 것을 말합니다. 귀리는 혈당을 빠르게 올리지 않기 때문에 당 조절이 필요한 사람들에게 적합합니다. 포만감 유지에도 좋은 음식이라 다이어트를 하는 사람들도 즐겨 먹곤 하지요. 빵 속에 넣거나 토핑으로 사용하면 고소하고 담백한 맛을 낼 뿐만 아니라 건강해 보이는 제품 이미지를 만들 수 있습니다.

INGREDIENTS ▼

	재료	7개 분량(g)
본 반죽	프랑스 밀가루 T65	860
	호밀 가루	70
	통밀 가루	70
	흑맥주	300
	물①	350
	세미 드라이이스트 레드	5
	소금	19
	묵은 반죽(생략 가능)	300
	물②	70
	오트밀	150
	합계	**2,194**
성형 재료	오트밀	적당량

TIMETABLE ▼

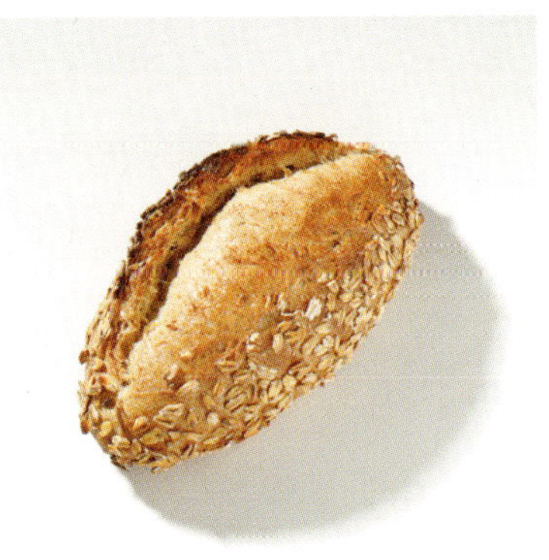

준비 묵은 반죽

- 10분 — **반죽**
  24~25℃
- 45분+1시간 — **1차 발효**
  실온(24~25℃), 펀칭
- **분할 및 중간 성형**
  300g
- 10~20분 — **중간 발효**
  실온(24~25℃)
- **성형 ← 물, 오트밀**
  바타르 모양(22㎝)
- 20~50분 — **2차 발효**
  실온(24~25℃)
- 15~20분 — **굽기 ← 칼집**
  [데크 오븐] 270℃/250℃ 스팀+ 16~20분
  [컨벡션 오븐] 260℃ 스팀+ 15~20분

마무리

PREPARATION ▼

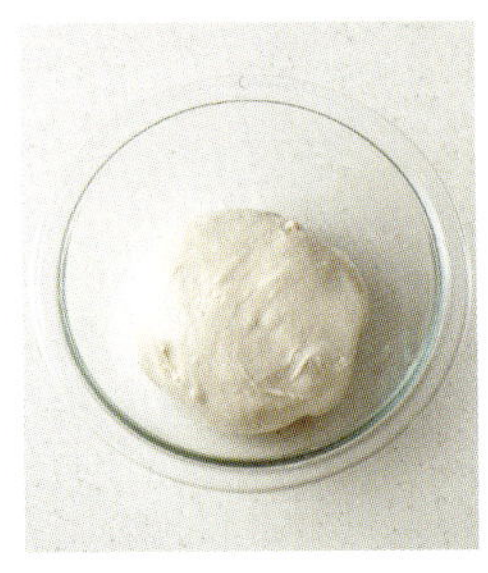

미리 준비하기 ①

묵은 반죽이란 1차 발효를 마친 바게트 반죽을 뜻합니다. 묵은 반죽에 대한 자세한 내용은 p.183을 참고해 주세요.

DIRECTIONS ▼

STEP 01 •
반죽

1. 믹서볼에 물②를 제외한 본 반죽의 모든 재료를 넣는다.
2. 저속으로 7분간 돌려 잘 섞는다.
3. 중속으로 속도를 올린 다음 물②를 4~5번에 걸쳐 조금씩 넣고 섞는다.
4. 매끈하고 광택이 나는 반죽이 되도록 마무리 믹싱한다.
5. 적당한 크기의 통에 올리브오일을 바르고 반죽을 담는다.
6. 온도계를 반죽의 중심에 꽂아 온도를 확인한다. ▶ 반죽 온도 24~25℃

STEP 02 •
1차 발효

7. 24~25℃의 실온에서 약 45분 동안 발효시킨 뒤 펀칭하고 다시 1시간 발효시킨다.
   tip 발효 시간과 온도는 반죽의 상태나 주변 환경에 따라 달라질 수 있다.
   tip 24~25℃의 실온에서 약 20~30분 동안 발효시킨 뒤 펀칭하고 다시 2~4℃의 냉장고에서 16~24시간 발효시키는 저온숙성법을 사용할 수도 있다.

STEP 03 •
분할 및 중간 성형
& 중간 발효

8. 통에서 반죽을 꺼내 뒤집어 놓은 다음 큰 기포를 빼고 3~4㎝ 두께로 도톰하게 만든다.
9. 정사각형 모양으로 300g씩 분할한 다음 손바닥으로 두들겨 큰 기포를 뺀다.
10. 둥글리기해 통에 담은 뒤 실온에서 10~20분간 휴지시킨다.

11 반죽을 뒤집어 덧가루를 뿌린 뒤 손바닥으로 두들겨 적당한 크기로 늘인다.

12 반죽을 여러 번 접으며 바타르 모양으로 성형한다.

13 분무기를 이용해 윗부분에 물을 뿌린다.

14 오트밀을 전체적으로 묻힌다.

15 완성된 반죽을 캔버스 천 위에 가지런히 올린다.

COMMENT ▼ 셰프의 코멘트

맥주를 넣을 반죽에 오트밀을 섞어 담백한 고소함과 투박한 식감을 살렸습니다.
겉에도 오트밀을 아낌없이 붙여 캉파뉴라는 이름 그대로 거친 매력을 마구 뽐내는 빵입니다.

STEP 05 ·
2차 발효

16 24~25℃의 실온에서 약 20~50분 정도 발효시킨다. 반죽의 상태를 보며 시간을 조정한다.

STEP 06 ·
굽기

17 발효된 반죽을 테플론시트를 깐 나무판 혹은 오븐 팬 위에 올린다.

18 일자로 길게 칼집을 낸다.

19 데크 오븐은 나무판을 빼고 테플론시트째로 옮겨 넣은 다음 윗불 270℃ 아랫불 250℃에서
스팀을 넣고 16~20분간 굽는다. 컨벡션 오븐은 260℃로 예열해 스팀을 넣은 다음 오븐 팬째로
넣어 15~20분 동안 굽는다.
tip 오븐마다 성능이 다르므로 굽는 시간과 온도는 각자의 상황에 맞도록 조절한다.

가을 달콤함 식감

건자두 무화과 호밀 캉파뉴

호밀 특유의 묵직한 풍미에 달콤한 과일을 더하고
싶었습니다. 너무 달지 않을까 싶겠지만 걱정하지 않아도
좋습니다. 단맛이 전혀 없는 반죽과 부드럽게 어우러져
캉파뉴의 맛을 해치지 않습니다.

─ • **INGREDIENT STORY** • ─

건자두

대표적인 여름 과일 중 하나인 자두를 말린 것이 바로 건자두(프룬)입니다. 자두는 소르비톨이라는 성분이 많아 배변
활동을 원활히 하는 것으로 유명하지요. 식이섬유도 풍부해 장 기능 개선에도 좋은 영향을 미칩니다. 건자두는 신맛
보다는 단맛이 강해 빵에 넣었을 때 새콤한 맛을 내는 크랜베리나 건포도와는 또다른 느낌을 연출할 수 있습니다.
빵이 식상하다 느껴질 때 건자두를 넣어 보세요. ¼ 정도의 크기로 잘라서 사용하는 것이 좋습니다.

	재료	10개 분량(g)
본 반죽	강력분	400
	프랑스 밀가루 T65	400
	호밀 가루	200
	물①	700
	세미 드라이이스트 레드	5
	소금	19
	묵은 반죽(생략 가능)	300
	물②	50
충전물	건자두	150
	호두 분태	150
	합계	2,374
성형 재료	와인 무화과 / 반건조 무화과	500
	와인 무화과 / 레드와인	300
	와인 무화과 / 황설탕	30

준비 묵은 반죽, 호두 로스팅, 무화과 다듬기

10분 — **반죽 ← 충전물**
24~25℃

45분+1시간 — **1차 발효**
실온(24~25℃), 펀칭

분할 및 중간 성형
230g

10~20분 — **중간 발효**
실온(24~25℃)

성형 ← 와인 무화과
바타르 모양(22㎝)

20~50분 — **2차 발효**
실온(24~25℃)

14~17분 — **굽기 ← 밀가루, 칼집**
[데크 오븐] 270℃/250℃ 스팀+ 14~17분
[컨벡션 오븐] 260℃ 스팀+ 14~17분

마무리

미리 준비하기 ①

묵은 반죽이란 1차 발효를 마친 바게트 반죽을 뜻합니다. 묵은 반죽에 대한 자세한 내용은 p.183을 참고해 주세요.

미리 준비하기 ②

호두는 180℃ 오븐에서 10~15분 정도 가볍게 로스팅해 식힌다.

미리 준비하기 ③

반건조 무화과의 꼭지를 가위로 잘라 둔다.

STEP 01 •
와인 무화과

1 냄비에 꼭지를 제거한 반건조 무화과, 레드와인, 황설탕을 넣고 중불에 조린다.

2 수분이 증발하면 적당한 크기로 잘라 둔다.

STEP 02 •
반죽

3 믹서볼에 물②를 제외한 본 반죽의 모든 재료를 넣는다.

4 저속으로 7분간 돌려 잘 섞는다.

5 중속으로 속도를 올린 다음 물②를 4~5번에 걸쳐 조금씩 넣고 섞는다.

6 매끈하고 광택이 나는 반죽이 되도록 마무리 믹싱한다.

7 적당한 크기의 통에 올리브오일을 바르고 반죽을 담는다.

8 충전물을 넣고 반죽을 접어 가며(폴딩) 골고루 섞는다.

   tip 깨지거나 상할 수 있는 재료들이 많아 손으로 작업하도록 한다.

9 온도계를 반죽의 중심에 꽂아 온도를 확인한다. ▶ 반죽 온도 24~25℃

<table>
<tr><td>

STEP 03 •
1차 발효

</td><td>

10 24~25℃의 실온에서 약 45분 동안 발효시킨 뒤 펀칭하고 다시 1시간 발효시킨다.
　tip 발효 시간과 온도는 반죽의 상태나 주변 환경에 따라 달라질 수 있다.
　tip 24~25℃의 실온에서 약 20~30분 동안 발효시킨 뒤 펀칭하고 다시 2~4℃의 냉장고에서
　16~24시간 발효시키는 저온숙성법을 사용할 수도 있다.

</td></tr>
<tr><td>

STEP 04 •
분할 및 중간 성형
& 중간 발효

</td><td>

11 통에서 반죽을 꺼내 뒤집어 놓은 다음 큰 기포를 빼고 3~4㎝ 두께로 도톰하게 만든다.
12 정사각형 모양으로 230g씩 분할한 다음 손바닥으로 두들겨 큰 기포를 뺀다.
13 작고 통통한 원형으로 둥글리기한 다음 통에 담아 실온에서 10~20분간 휴지시킨다.

</td></tr>
<tr><td>

STEP 05 •
성형

</td><td>

14 반죽을 뒤집어 덧가루를 뿌린 뒤 손바닥으로 두들겨 적당한 크기로 늘인다.
15 중앙에 와인 무화과를 80g씩 올린다.
16 반죽을 감싸 통통한 바타르 모양으로 성형한다.

</td></tr>
</table>

STEP 06 •
2차 발효

17 완성된 반죽을 캔버스 천 위에 가지런히 올린다.

18 24~25℃의 실온에서 약 20~50분 정도 발효시킨다. 반죽의 상태를 보며 시간을 조정한다.

STEP 07 •
굽기

19 발효된 반죽을 테플론시트를 깐 나무판 혹은 오븐 팬 위에 올린다.

20 덧가루를 뿌린 뒤 사선으로 긴 칼집을 세 개씩 낸다.

21 데크 오븐은 나무판을 빼고 테플론시트째로 옮겨 넣은 다음 윗불 270℃ 아랫불 250℃에서
스팀을 넣고 14~17분간 굽는다. 컨벡션 오븐은 260℃로 예열해 스팀을 넣은 다음 오븐
팬째로 넣어 14~17분 동안 굽는다.

tip 오븐마다 성능이 다르므로 굽는 시간과 온도는 각자의 상황에 맞도록 조절한다.

COMMENT ▼ 셰프의 코멘트

구수한 맛의 호밀이 가득 든 캉파뉴 반죽에 두 가지 건과일을 넣어 씹을수록 다양한 맛을 내는
빵입니다. 건자두는 깊고 진한 단맛을, 무화과는 톡톡 터지는 씨앗과 함께 강렬한 달콤함을 만들지요.

PEA&BEAN &CHESTNUT &SWEET POTATO CAMPAGNE

콩 팥 밤 고구마 캉파뉴

자연에서 나는 우리 재료를 모두 모아 담백하고도 푸짐한 빵을 만들었습니다. 특히 가을, 겨울 정취에 잘 어울리는 계절 제품이지요. 디저트에도 많이 응용하는 조합입니다.

가을 　 담백함 　 푸짐함

INGREDIENT STORY

당적 삼색콩

당절임한 콩은 떡이나 빵에 많이 사용하는 재료 중 하나로 식감이 부드럽고 달콤한 맛이 매력적이지요. 당적 삼색콩 (삼색 콩배기)은 완두콩, 병아리콩, 강낭콩을 당절임한 시판 제품으로 콩류를 빵에 사용하기 위해 오랜 시간 삶거나 절이는 과정을 생략할 수 있기 때문에 종종 이용하고 있습니다. 당적 삼색콩에 사용된 콩들은 각각 맛과 특징이 다른데, 우선 완두콩은 색과 모양이 귀여우며 맛이 달고 깔끔합니다. 이집트콩이라고도 불리는 병아리콩은 밤과 같은 식감으로 씹을수록 고소하고 단맛이 나는 것이 특징입니다. 마지막으로 강낭콩은 제법 크기가 큰 콩으로 색이 붉고 팥과 같은 식감입니다. 달콤한 맛과 부드러운 식감, 그리고 영양학적으로도 우수한 콩은 빵과 아주 잘 어울려 활용도가 높습니다.

	재료	8개 분량(g)
풀리시	프랑스 밀가루 T65	200
	세미 드라이이스트 레드	1
	물	200
본 반죽	프랑스 밀가루 T65	600
	호밀 가루	50
	통밀 가루	50
	물①	500
	세미 드라이이스트 레드	5
	소금	19
	물②	50
충전물	건과일 믹스	150
	견과류(아몬드, 헤이즐넛)	150
	합계	**1,975**
성형 재료	당적 삼색콩	240
	당적 밤	240
	단팥	240
	당적 고구마	240

준비 풀리시, 충전물과 성형 재료 준비

10분 — **반죽 ← 충전물**
24~25℃

45분+1시간 — **1차 발효**
실온(24~25℃), 펀칭

분할 및 중간 성형
230g

10~20분 — **중간 발효**
실온(24~25℃)

성형 ← 성형 재료
바타르 모양(22㎝)

20~50분 — **2차 발효**
실온(24~25℃)

14~17분 — **굽기 ← 밀가루, 칼집**
[데크 오븐] 270℃/250℃ 스팀+ 14~17분
[컨벡션 오븐] 260℃ 스팀+ 14~17분

마무리

미리 준비하기 ①

p.16을 참고해
풀리시를 만들어
부피가 2배가 될
때까지 발효한다.

미리 준비하기 ②

충전물 재료와
성형 재료는 각각
모아 잘 섞어 둔다.

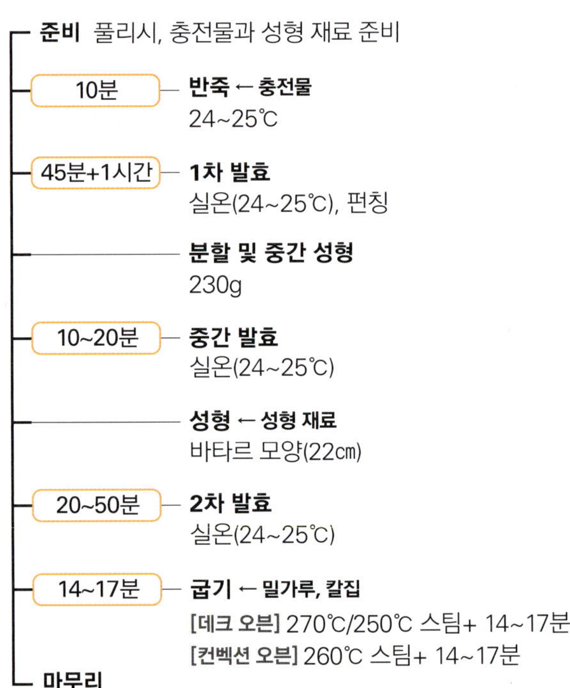

DIRECTIONS ▼

<table>
<tr><td>

STEP 01 •
반죽

</td><td>

1 믹서볼에 물②를 제외한 본 반죽의 모든 재료와 발효된 풀리시를 넣는다.

2 저속으로 7분간 돌려 잘 섞는다.

3 중속으로 속도를 올린 다음 물②를 4~5번에 걸쳐 조금씩 넣고 섞는다.

4 매끈하고 광택이 나는 반죽이 되도록 마무리 믹싱한다.

5 적당한 크기의 통에 올리브오일을 바르고 반죽을 담는다.

6 충전물을 넣고 반죽을 접어 가며(폴딩) 골고루 섞는다.

　　tip 깨지거나 상할 수 있는 재료들이 많아 손으로 작업하도록 한다.

7 온도계를 반죽의 중심에 꽂아 온도를 확인한다. ▶ 반죽 온도 24~25℃

</td></tr>
</table>

STEP 02 •
1차 발효

8 24~25℃의 실온에서 약 45분 동안 발효시킨 뒤 펀칭하고 다시 1시간 발효시킨다.

　　tip 발효 시간과 온도는 반죽의 상태나 주변 환경에 따라 달라질 수 있다.

　　tip 24~25℃의 실온에서 약 20~30분 동안 발효시킨 뒤 펀칭하고 다시 2~4℃의 냉장고에서
16~24시간 발효시키는 저온숙성법을 사용할 수도 있다.

STEP 03 •
분할 및 중간 성형
& 중간 발효

9 통에서 반죽을 꺼내 뒤집어 놓은 다음 큰 기포를 빼고 3~4㎝ 두께로 도톰하게 만든다.

10 정사각형 모양으로 230g씩 분할한 다음 손바닥으로 두들겨 큰 기포를 뺀다.

11 작고 통통한 원형으로 둥글리기한 다음 통에 담아 실온에서 10~20분간 휴지시킨다.

STEP 04 •
성형

12 반죽을 뒤집어 덧가루를 뿌린 뒤 손바닥으로 두들겨 적당한 크기로 늘인다.

13 중앙에 성형 재료를 30g씩 올린다.

14 반죽을 감싸 통통한 바타르 모양으로 성형한다.

COMMENT ▼ 셰프의 코멘트

구수한 콩과 은은한 단맛의 팥과 밤, 그리고 부드러운 고구마가 하나의 반죽 속에서 어우러져
독특하면서도 풍성한 맛을 냅니다. 빵 한 덩이 안에 가을과 겨울의 소박한 풍미를 담았답니다.

STEP 05 •
2차 발효

15 완성된 반죽을 캔버스 천 위에 가지런히 올린다.

16 24~25℃의 실온에서 약 20~50분 정도 발효시킨다. 반죽의 상태를 보며 시간을 조정한다.

STEP 06 •
굽기

17 발효된 반죽을 테플론시트를 깐 나무판 혹은 오븐 팬 위에 올린다.

18 덧가루를 뿌린 뒤 칼집을 깊게 낸다.

19 데크 오븐은 나무판을 빼고 테플론시트째로 옮겨 넣은 다음 윗불 270℃ 아랫불 250℃에서
스팀을 넣고 14~17분간 굽는다. 컨벡션 오븐은 260℃로 예열해 스팀을 넣은 다음 오븐
팬째로 넣어 14~17분 동안 굽는다.

tip 오븐마다 성능이 다르므로 굽는 시간과 온도는 각자의 상황에 맞도록 조절한다.

앙버터 씨앗 캉파뉴

장시간 발효한 풀리시의 풍미가 담긴 반죽에 다양한 씨앗을 듬뿍 넣었습니다. 팥앙금과 발효 버터가 고소한 맛을 배가시키지요. 겉에 붙이는 씨앗이 과하다 느껴지면 생략해도 괜찮습니다.

초겨울　　고소함　　식감

INGREDIENT STORY

다양한 씨앗

빵에 다양한 씨앗을 사용하면 톡톡 터지는 식감과 고소한 맛을 한번에 즐길 수 있습니다. 영양적으로도 우수하죠. 이 제품에는 깨, 흑임자, 아마씨, 해바라기씨, 호박씨를 가볍게 볶아 사용했습니다. 주의할 점으로는 보관이 어설프면 씨앗에서 나오는 기름이 산패해 좋지 않은 맛과 향을 낼 수 있다는 것입니다. 항상 신선도를 유지할 수 있도록 씨앗류는 소량으로 구입해 반드시 가볍게 로스팅 한 뒤 공기와 맞닿지 않도록 밀봉하여 냉동고에 넣어 보관해 주세요. 그리고 최대한 빨리 소진하는 것이 좋습니다. 씨앗은 고소한 식빵 반죽이나 구수한 캉파뉴 또는 바게트 반죽에 정말 잘 어울립니다.

INGREDIENTS

	재료	10개 분량(g)
풀리시	프랑스 밀가루 T65	300
	세미 드라이이스트 레드	1
	물	300
본 반죽	프랑스 밀가루 T65	600
	호밀 가루	50
	통밀 가루	50
	물①	400
	세미 드라이이스트 레드	5
	소금	19
	물②	100
충전물	다양한 씨앗	100
	합계	**1,925**
성형 재료	다양한 씨앗	적당량
마무리	발효 버터	적당량
	저당 단팥	적당량

TIMETABLE

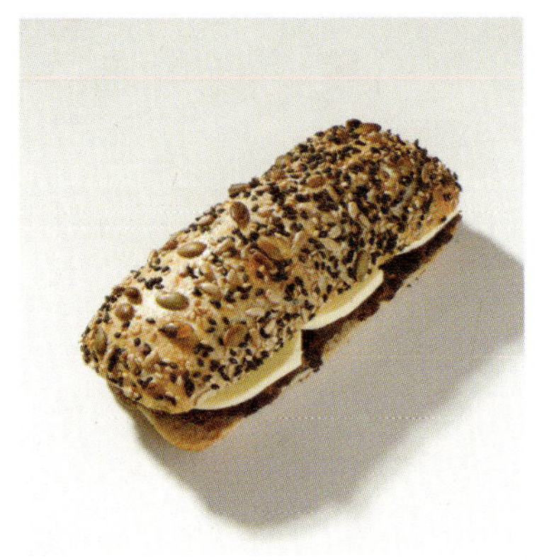

- **준비** 풀리시, 발효 버터 자르기
- 10분 — **반죽 ← 충전물**
  24~25℃
- 45분+1시간 — **1차 발효**
  실온(24~25℃), 펀칭
- **분할 및 중간 성형 ← 물, 씨앗**
  직사각형, 10등분
- 20~50분 — **2차 발효**
  실온(24~25℃)
- 14~17분 — **굽기**
  [데크 오븐] 270℃/250℃ 스팀+ 12~14분
  [컨벡션 오븐] 260℃ 스팀+ 12~14분
- **마무리** 저당 단팥, 발효 버터

PREPARATION

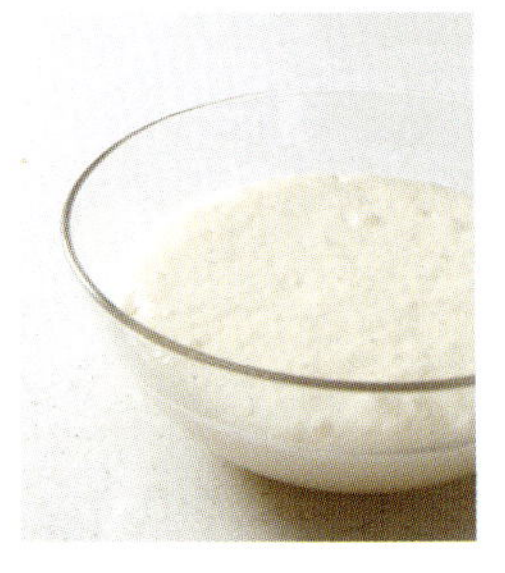

미리 준비하기 ①

p.16을 참고해 풀리시를 만들어 부피가 2배가 될 때까지 발효한다.

미리 준비하기 ②

발효 버터는 0.5cm 두께로 잘라 둔다.

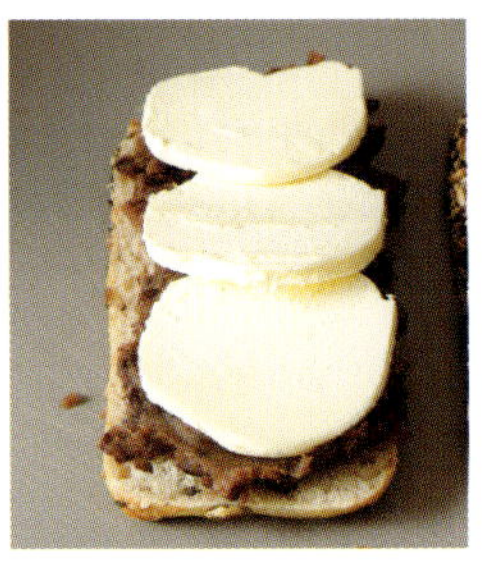

DIRECTIONS ▼

STEP 01 •
반죽

1. 믹서볼에 물②를 제외한 본 반죽의 모든 재료와 발효된 풀리시를 넣는다.
2. 저속으로 7분간 돌려 잘 섞는다.
3. 중속으로 속도를 올린 다음 물②를 4~5번에 걸쳐 조금씩 넣고 섞는다.
4. 매끈하고 광택이 나는 반죽이 되도록 마무리 믹싱한다.
5. 적당한 크기의 통에 올리브오일을 바르고 반죽을 담는다.
6. 충전물을 넣고 반죽을 접어 가며(폴딩) 골고루 섞는다.
   tip 깨지거나 상할 수 있는 재료들이 많아 손으로 작업하도록 한다.
7. 온도계를 반죽의 중심에 꽂아 온도를 확인한다. ▶ 반죽 온도 24~25℃

STEP 02 •
1차 발효

8. 24~25℃의 실온에서 약 45분 동안 발효시킨 뒤 펀칭하고 다시 1시간 발효시킨다.
   tip 발효 시간과 온도는 반죽의 상태나 주변 환경에 따라 달라질 수 있다.
   tip 24~25℃의 실온에서 약 20~30분 동안 발효시킨 뒤 펀칭하고 다시 2~4℃의 냉장고에서
   16~24시간 발효시키는 저온숙성법을 사용할 수도 있다.

STEP 03 •
분할 및 성형

9 통에서 반죽을 꺼내 뒤집어 놓은 다음 큰 기포를 빼고 3~4㎝ 두께로 도톰하게 만든다.
10 길쭉한 직사각형 모양으로 10등분한 다음 손바닥으로 두들겨 큰 기포를 뺀다.
11 분무기를 이용해 윗면에 물을 뿌린 뒤 씨앗을 듬뿍 묻힌다.
   tip 이 책에서는 호박씨, 해바라기씨, 참깨, 흑임자를 섞어 사용했습니다.

STEP 04 •
2차 발효

12 완성된 반죽을 캔버스 천 위에 가지런히 올린다.
13 24~25℃의 실온에서 약 20~50분 정도 발효시킨다. 반죽의 상태를 보며 시간을 조정한다.

STEP 05
굽기

14 발효된 반죽을 테플론시트를 깐 나무판 혹은 오븐 팬 위에 올린다.

15 데크 오븐은 나무판을 빼고 테플론시트째로 옮겨 넣은 다음 윗불 270℃ 아랫불 250℃에서 스팀을 넣고 12~14분간 굽는다. 컨벡션 오븐은 260℃로 예열해 스팀을 넣은 다음 오븐 팬째로 넣어 12~14분 동안 굽는다.

tip 오븐마다 성능이 다르므로 굽는 시간과 온도는 각자의 상황에 맞도록 조절한다.

STEP 06
마무리

16 구운 캉파뉴를 완전히 식혀 반으로 슬라이스한다.

17 아랫부분에 저당 단팥을 취향껏 골고루 펴 비른다.

18 발효 버터를 세 조각 정도 올린 뒤 뚜껑을 덮어 완성한다.

COMMENT ▾ 셰프의 코멘트

한입 베어 물 때마다 겉면의 씨앗들이 톡톡 터지며 고소한 맛을 마구 뿜어 내는데, 달콤한 단팥과 부드러운 버터가 여기에 어찌나 잘 어울리는지요. 그냥 무조건 한번 만들어 보세요! 맛이 없을 수 없는 빵입니다.

CRANBERRY CAMPAGNE BÂTON

한겨울 ｜ 고소함 ｜ 식감

크랜베리 캉파뉴 바통

바통은 길고 가는 모양으로 성형해 먹기 좋고 나누기 편한 빵입니다. 부재료를 듬뿍 넣어 씹을 때마다 다양한 재료들이 입안에 가득차지요. 평소에 담백하고 고소한 맛을 좋아하는 손님들에게 추천하면 좋습니다.

— • **INGREDIENT STORY** • —

크랜베리

크랜베리는 영롱한 붉은색이 인상적인 작은 열매입니다. 주로 건조해 유통하고 있지요. 베이킹에서는 주로 건조된 형태로 사용하고 있습니다. 새콤달콤한 맛을 지니고 있어 빵의 단맛과 좋은 균형을 이룹니다. 부드러운 빵에도 잘 어울리고 쫄깃한 빵에 식감을 더하기도 합니다. 또 강렬하고 예쁜 색은 빵을 더욱 먹음직스럽게 만들면서 식욕을 돋웁니다. 연말 시즌 제품에도 잘 어울리고 특히 캉피뉴에선 절대 빠져시는 안될 재료입니다.

— • **INGREDIENT STORY** • —

헤이즐넛

독특한 향을 지닌 헤이즐넛은 부드럽고 고소한 맛이 일품인 고급 견과류입니다. 초콜릿이나 커피와 궁합이 좋지요. 세계적으로 인기 있는 초콜릿 잼 '누텔라'의 주재료이기도 합니다. 헤이즐넛은 특히 크랜베리와 함께 먹을 때 좋은 시너지 효과를 냅니다. 그래서 오후의빵집에서도 크랜베리와 함께 사용한답니다. 헤이즐넛도 다른 견과류처럼 잘 로스팅한 뒤 사용하며, 산패를 방지하기 위해 반드시 밀봉하여 냉동 보관하는 것이 좋습니다.

	재료	12개 분량(g)
본 반죽	프랑스 밀가루 T65	800
	호밀 가루	100
	통밀 가루	100
	르뱅	300
	설탕	40
	물①	650
	세미 드라이이스트 레드	5
	소금	19
	물②	70
충전물	크랜베리	400
	헤이즐넛	400
	합계	2,484

TIMETABLE ▼

준비 르뱅 리프레시, 헤이즐넛 로스팅

10분 — **반죽 ← 충전물**
24~25℃

45분+1시간 — **1차 발효**
실온(24~25℃), 펀칭

분할 및 성형
200g, 직사각형

20~50분 — **2차 발효**
실온(24~25℃)

14~17분 — **굽기**
[데크 오븐] 270℃/250℃ 스팀+ 14~17분
[컨벡션 오븐] 260℃ 스팀+ 14~17분

마무리

PREPARATION ▼

미리 준비하기 ①

p.14를 참고하여 만든
르뱅을 본 반죽 직전에
1:2:2 비율로 리프레시
하고, 실온에서 2배가
될 때까지 발효시킨다.

미리 준비하기 ②

헤이즐넛은 180℃
오븐에서 10~15분 정도
가볍게 로스팅해 식힌다.

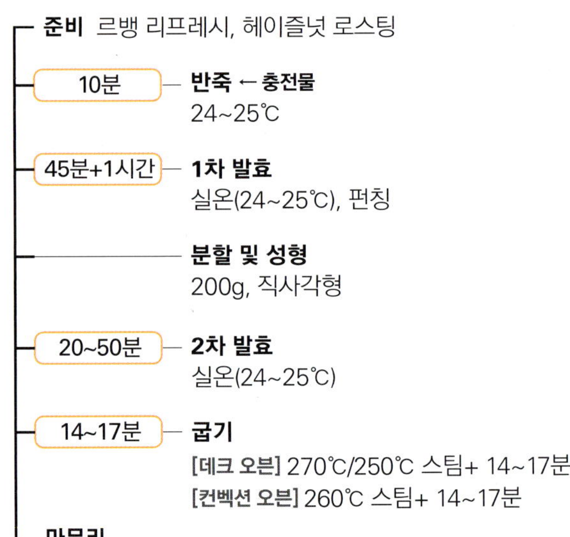

DIRECTIONS ▼

STEP 01 •
반죽

1 믹서볼에 물②를 제외한 본 반죽의 모든 재료를 넣는다.

2 저속으로 7분간 돌려 잘 섞는다.

3 중속으로 속도를 올린 다음 물②를 4~5번에 걸쳐 조금씩 넣고 섞는다.

4 매끈하고 광택이 나는 반죽이 되도록 마무리 믹싱한다.

5 적당한 크기의 통에 올리브오일을 바르고 반죽을 담는다.

6 충전물을 넣고 반죽을 접어 가며(폴딩) 골고루 섞는다.

    tip 깨지거나 상할 수 있는 재료들이 많아 손으로 작업하도록 한다.

7 온도계를 반죽의 중심에 꽂아 온도를 확인한다. ▶ 반죽 온도 24~25℃

STEP 02 •
1차 발효

8 24~25℃의 실온에서 약 45분 동안 발효시킨 뒤 펀칭하고 다시 1시간 발효시킨다.

    tip 발효 시간과 온도는 반죽의 상태나 주변 환경에 따라 달라질 수 있다.

    tip 24~25℃의 실온에서 약 20~30분 동안 발효시킨 뒤 펀칭하고 다시 2~4℃의 냉장고에서
16~24시간 발효시키는 저온숙성법을 사용할 수도 있다.

9 통에서 반죽을 꺼내 뒤집어 놓은 다음 큰 기포를 빼고 3~4㎝ 두께로 도톰하게 만든다.

10 긴 직사각형 모양으로 200g씩 분할한 다음 손바닥으로 두들겨 큰 기포를 뺀다.

11 덧가루를 뿌린 뒤 반죽을 꼬아 트위스트 모양으로 만든다.

COMMENT ▾ 셰프의 코멘트

캉파뉴 반죽에 상큼한 크랜베리와 고소한 헤이즐넛을 듬뿍 넣었습니다.
호불호가 조금 있을 수 있는데, 하드계열 빵도 좋아하고 견과류와
건과일도 사랑하는 저와 같은 분이라면 절대 싫어할 수 없는 빵입니다.

12 완성된 반죽을 캔버스 천 위에 가지런히 올린다.

13 24~25℃의 실온에서 약 20~50분 정도 발효시킨다. 반죽의 상태를 보며 시간을 조정한다.

14 발효된 반죽을 테플론시트를 깐 나무판 혹은 오븐 팬 위에 올린다.

15 데크 오븐은 나무판을 빼고 테플론시트째로 옮겨 넣은 다음 윗불 270℃ 아랫불 250℃에서 스팀을 넣고 14~17분간 굽는다. 컨벡션 오븐은 260℃로 예열해 스팀을 넣은 다음 오븐 팬째로 넣어 14~17분 동안 굽는다.

tip 오븐마다 성능이 다르므로 굽는 시간과 온도는 각자의 상황에 맞도록 조절한다.

고구마 크림치즈 캉파뉴

오후의빵집 부동의 인기 1위 제품입니다.
이미 수많은 빵집에서 비슷한 제품을 만들고 있겠지만
왜 1위인지는 먹어 보면 알게 된답니다. 평범하고
익숙한 맛이지만 꾸준히 사랑 받는 빵 중 하나입니다.

초겨울   새콤달콤   고소함

INGREDIENT STORY

크림치즈

크림치즈는 말 그대로 크림을 섞은 치즈입니다. 제형이 부드러워 발림성이 좋고 치즈 향이 과하지 않아 매력적이죠.
치즈라고는 하지만 발효되지 않았다는 점이 특징입니다. 견과류나 담백한 빵들과 특히 잘 어울리고, 의외로 달콤한
고구마와 같은 재료와도 잘 어울린답니다. 오후의빵집에서는 캉파뉴에 자주 사용하고 있습니다. 크림치즈는 브랜드
별로 맛이 아주 다양합니다. 신맛이 강렬한 제품, 은은한 맛을 지닌 제품, 우유 맛이 많이 나는 제품, 짠맛이 강한
제품, 비교적 단단한 제형의 제품, 아주 무르고 부드러운 타입의 제품 등 쓰임새가 좋은 만큼 종류도 많지요. 이것저것
사용해 보고 내 입맛에 맞는 크림치즈를 찾아 내는 것도 또 하나의 재미 같습니다. 마지막으로 크림치즈는 수분이
많아 반드시 냉장 보관해야 하고, 최대한 빨리 소진하는 것이 좋습니다.

	재료	10개 분량(g)
본 반죽	프랑스 밀가루 T65	900
	호밀 가루	50
	통밀 가루	50
	르뱅	300
	물①	680
	세미 드라이이스트 레드	5
	소금	19
	물②	70
충전물	건과일	200
	견과류	200
	합계	**2,474**
성형 재료	고구마	500
	크림치즈	500

준비 르뱅 리프레시, 건과일과 견과류 준비

- **10분** — **반죽 ← 충전물**
  24~25℃
- **45분+1시간** — **1차 발효**
  실온(24~25℃), 펀칭
- **분할 및 중간 성형**
  230g, 정사각형
- **10~20분** — **중간 발효**
  실온(24~25℃)
- **성형 ← 성형 재료**
  바타르 모양(22㎝)
- **20~50분** — **2차 발효**
  실온(24~25℃)
- **14~17분** — **굽기 ← 밀가루, 칼집**
  [데크 오븐] 270℃/250℃ 스팀+ 14~17분
  [컨벡션 오븐] 260℃ 스팀+ 14~17분
- **마무리**

미리 준비하기 ①

p.14를 참고하여 만든 르뱅을 본 반죽 직전에 1:2:2 비율로 리프레시하고, 실온에서 2배가 될 때까지 발효시킨다

미리 준비하기 ②

이 책에서는 건과일로 건포도, 크랜베리, 건살구를 사용했으며 견과류로는 아몬드, 캐슈너트, 헤이즐넛, 호두를 사용했다. 고구마는 2×2㎝ 큐브 모양으로 잘라 삶고, 크림치즈도 같은 크기로 썰어 냉장고에 보관해 둔다.

DIRECTIONS ▼

STEP 01 •
반죽

1   믹서볼에 물②를 제외한 본 반죽의 모든 재료를 넣는다.

2   저속으로 7분간 돌려 잘 섞는다.

3   중속으로 속도를 올린 다음 물②를 4~5번에 걸쳐 조금씩 넣고 섞는다.

4   매끈하고 광택이 나는 반죽이 되도록 마무리 믹싱한다.

5   적당한 크기의 통에 올리브오일을 바르고 반죽을 담는다.

6   충전물을 넣고 반죽을 접어 가며(폴딩) 골고루 섞는다.

   tip 깨지거나 상할 수 있는 재료들이 많아 손으로 작업하도록 한다.

7   온도계를 반죽의 중심에 꽂아 온도를 확인한다. ▶ 반죽 온도 24~25℃

STEP 02 •
1차 발효

8   24~25℃의 실온에서 약 45분 동안 발효시킨 뒤 펀칭하고 다시 1시간 발효시킨다.

   tip 발효 시간과 온도는 반죽의 상태나 주변 환경에 따라 달라질 수 있다.

   tip 24~25℃의 실온에서 약 20~30분 동안 발효시킨 뒤 펀칭하고 다시 2~4℃의 냉장고에서
   16~24시간 발효시키는 저온숙성법을 사용할 수도 있다.

STEP 03 •
분할 및 중간 성형
& 중간 발효

9 통에서 반죽을 꺼내 뒤집어 놓은 다음 큰 기포를 빼고 3~4cm 두께로 도톰하게 만든다.
10 정사각형 모양으로 230g씩 분할한 다음 손바닥으로 두들겨 큰 기포를 뺀다.
11 작고 통통한 원형으로 둥글리기한 다음 통에 담아 실온에서 10~20분간 휴지시킨다.

STEP 04 •
성형

12 반죽을 뒤집어 덧가루를 뿌린 뒤 손바닥으로 두들겨 적당한 크기로 늘인다.
13 중앙에 고구마 큐브와 크림치즈를 50g씩 올린다.
14 반죽을 감싸 통통한 바타르 모양으로 성형한다.

COMMENT ▼ 셰프의 코멘트

은은한 단맛을 내는 고구마, 새콤 짭짤한 크림치즈는 평범한 빵을 평범하지 않게 만듭니다.
건과일과 견과류가 듬뿍 들어가기 때문에 다양한 맛들의 균형이 중요하지요.
한 조각만 먹으려 했다가 하나를 다 먹어 버리게 되는 마성의 캉파뉴입니다.

STEP 05 •
2차 발효

15 완성된 반죽을 캔버스 천 위에 가지런히 올린다.

16 24~25℃의 실온에서 약 20~50분 정도 발효시킨다. 반죽의 상태를 보며 시간을 조정한다.

STEP 06 •
굽기

17 발효된 반죽을 테플론시트를 깐 나무판 혹은 오븐 팬 위에 올린다.

18 덧가루를 뿌린 뒤 사선으로 긴 칼집을 세 개씩 낸다.

19 데크 오븐은 나무판을 빼고 테플론시트째로 옮겨 넣은 다음 윗불 270℃ 아랫불 250℃에서 스팀을 넣고 14~17분간 굽는다. 컨벡션 오븐은 260℃로 예열해 스팀을 넣은 다음 오븐 팬째로 넣어 14~17분 동안 굽는다.

tip 오븐마다 성능이 다르므로 굽는 시간과 온도는 각자의 상황에 맞도록 조절한다.

NEW PRODUCT IDEAS

신제품 아이디어를 담은

EVERYDAY BREAD

에브리데이 브레드

저자 박영경
발행인 장상원
편집인 이명원

초판 1쇄 2025년 11월 3일
2쇄 2026년 2월 3일
발행처 (주)비앤씨월드 출판등록 1994.1.21 제 16-818호
주소 서울특별시 강남구 선릉로 132길 3-6 서원빌딩 3층
전화 (02)547-5233 팩스 (02)549-5235
홈페이지 http://bncworld.co.kr
블로그 http://blog.naver.com/bncbookcafe
인스타그램 @bncworld_books
진행 김지연 사진 이재희 디자인 박갑경
ISBN 979-11-24112-00-7   13590